21世纪高等开放教育系列教材

计算机应用基础
试题分析与实用技巧

主编　王　锦

中国人民大学出版社
·北京·

图书在版编目（CIP）数据

计算机应用基础试题分析与实用技巧/王锦主编. —北京：中国人民大学出版社，2011.8
21 世纪高等开放教育系列教材
ISBN 978-7-300-14249-4

Ⅰ.①计… Ⅱ.①王… Ⅲ.①电子计算机-高等学校-教学参考资料 Ⅳ.①TP3

中国版本图书馆 CIP 数据核字（2011）第 175604 号

21 世纪高等开放教育系列教材
计算机应用基础试题分析与实用技巧
主编 王 锦

出版发行	中国人民大学出版社		
社　　址	北京中关村大街 31 号	邮政编码	100080
电　　话	010－62511242（总编室）		010－62511398（质管部）
	010－82501766（邮购部）		010－62514148（门市部）
	010－62515195（发行公司）		010－62515275（盗版举报）
网　　址	http://www.crup.com.cn		
	http://www.ttrnet.com(人大教研网)		
经　　销	新华书店		
印　　刷	北京宏伟双华印刷有限公司		
规　　格	185 mm×260 mm　16 开本	版　　次	2011 年 9 月第 1 版
印　　张	9.75	印　　次	2011 年 9 月第 1 次印刷
字　　数	225 000	定　　价	20.00 元

前　言

计算机应用基础是电大系统的一门公共课，是每个考生都要面临的必考课程。该门课程考试采取上机考试的方式，每次考试都有考生因不熟悉考试系统，影响考试操作，形成失误被扣分的情况。也有考生因工学矛盾、学习时间不够，不能按照课程教材的每一节课按部就班的学习和练习，造成基础环节薄弱，导致很难通过考试。

为了更好地帮助考生复习，提高考生通过率，作者在认真分析近几年来计算机应用基础考题中的考核要点、重点、难点以及命题套路基础上，整理出了针对考核重点、难点的讲解，并对累积的一些历年考题做了详尽解析。为使考生除了通过课程考试，还能掌握计算机应用基础的基本技能，又整理了 Word 和 Excel 中的大量、常用的实用技巧。本书编写的宗旨是力图通过本书提升考生考试的通过率，也能使考生掌握一些实用的基本技能，有助于其学习和工作。

本书的编写体例如下：

1. 第一篇为重点讲解和例题解析，分为四章。

第一章为 Windows XP 基本设置及网络技能应用的考点、重点讲解和试题解析。

第二章为 Windows XP 文件及文件夹操作的考点、重点讲解和试题解析。

第三章为 Word 考点、重点讲解和试题解析。

第四章为 Excel 考点、重点讲解和试题解析。

2. 第二篇的主要内容为 Word 和 Excel 实用技巧汇编。从工作、实用的角度整理了大量专题式的操作技巧，可以使考生获取在课程教材中不能直接获取的操作技巧。

实践证明，一本好的复习资料，能够帮助考生达到事半功倍的良好效果，对电大系统的考生而言，在工学矛盾的重压下，更是如此。为了满足广大考生的迫切需要，本书强调实用性、针对性和有效性，希望能帮助考生树立信心，顺利通过考试。

由于时间仓促，书中错误和纰漏之处在所难免，诚望广大读者批评指正。

编者

2011 年 6 月

目　录

模拟试题及答题步骤

考试说明及考试系统操作注意事项

一、题型、题量

考试时间为 90 分钟，题目满分为 100 分。

题型及题量设置如下：

- 五道 Windows XP 基本设置、网络应用和 Windows XP 文件及文件夹操作题目。
- 五道 Word 文字处理题目。
- 五道 Excel 电子表格题目。

二、考试系统题板说明及考试注意事项

1. 慎点“交卷评分”按钮

每次考试都会遇到考生答完第一道题便点击“交卷评分”，无意中结束考试而不得不抱憾离开考场的现象。特别提醒考生，只有在答完所有试题，检查无误之后，方可点击“交卷评分”按钮。一旦点击“交卷评分”按钮，即终结考试，无法继续答题。

2.“打开试题环境”按钮的作用

为了对考生答题进行有效评分，考试系统在考试机上创建了试题环境。考生必须在考试系统设置的试题环境中答题才能被有效评分。所以，考生开始答题之前，首先应该点击试题面板左上角的“打开试题环境”按钮，然后在打开的仿真环境中进行答题。试题环境包括：Windows 环境、Word 环境、Excel 环境等，考生可根据当前试题选择相应的试题环境。

3.“上一题”、“下一题”和“重做本题”的含义

每套考题均有 15 道题目，考生可以通过点击“上一题”、“下一题”两个按钮在试题中进行上一道题目和下一道题目的选择。如果做完某一道题目后，发现操作有误，可以通过点击“重做本题”对当前试题的已做操作进行清空，重新开始做题。

4. 考试目录的重大意义

题板下部有一行字符，一般显示为“考生目录为：C \ sower \ DDKS \ ……”的样式，该行字符所提示的是当前试题素材所在位置，或当前试题保存路径。如果需要寻找试题素材或保存文档，可参考本目录。

5. 改变题板尺寸、位置

题板默认在桌面最上层，覆盖在答题窗口之上。如果考生觉得题板遮挡答题区域，可

通过拖动题板标题栏来改变题板位置，也可将鼠标置于题板四周边线，拖动鼠标改变题板显示尺寸，以保证既可以看到题板题面，也可以不影响答题操作。

6. 考试剩余时间的提示

题板右上角“剩余时间”显示考试时间倒计时，考生可以随时看到考试剩余时间以便合理分配时间。考试时间剩余 5 分钟时，会弹出警告窗口，提醒考生抓紧时间，此时考生应尽快检查答题情况或保存正在操作的内容，为交卷做好准备。

第 一 篇

计算机应用基础重点讲解和例题解析

第一章▶▶▶

Windows XP 基本设置及网络应用
重点讲解和例题解析

一、考核目标

- 定制个性化工作环境。
- IE 基本使用方法。
- Outlook Express 使用方法。
- 打印机相关设置。
- 文件夹属性设置。

二、学习建议

建议学生学习《计算机应用基础，Windows XP 操作系统》中的相关内容，并利用教材的附带光盘进行模拟操作。

三、考核重点讲解

1. 打印机相关操作

(1) 添加本地打印机。

“开始”→“设置”→“控制面板”→“打印机和传真”→“文件”下拉菜单→“添加打印机”(或在空白处单击右键，在出现的快捷菜单中选择“添加打印机”)→进入“添加打印机”向导进行添加。

(2) 打印机共享设置。

“开始”→“设置”→“控制面板”→“打印机和传真”，选择打印机，单击右键，选择“共享”，在弹出的对话框中修改共享名，点击“确定”。

2. Outlook Express 的使用和设置

(1) 打开方式。

单击“开始”菜单，运行“程序”组中的 Outlook Express 程序。

注意：考试中，直接点击试题面板上的“打开 Outlook Express”按钮即可运行 Outlook Express。

（2）自动转到收件箱。

运行 Outlook Express，点击“工具”下拉菜单，选择“选项”，在弹出的对话框中点击“常规”选项卡，勾选“启动时，直接转到‘收件箱’文件夹”即可。

（3）定时检查新邮件。

运行 Outlook Express，点击“工具”下拉菜单，选择“选项”，在弹出的对话框中点击“常规”选项卡，在“发送/接受邮件”区域勾选“每隔（）分钟检查一次新邮件”，在文本框中输入需要间隔的时间即可。

（4）收发邮件。

收邮件：启动 Outlook Express→点击“收件箱”→点击选择工具栏的“发送/接收”按钮，即可收邮件。

发邮件：启动 Outlook Express→点击工具栏“创建邮件”按钮，则打开“新邮件”窗口，分别在“收件人”、“主题”、“抄送”栏输入相关信息，点击工具栏“发送”即可发送邮件。

（5）收邮件声音提示。

运行 Outlook Express，选择“工具”→“选项”→“常规”→“发送/接收邮件”→勾选“新邮件到达时发出声音”和“启动时发送和接受邮件”两项→点击“确定”。

3. Internet 相关设置

不显示网页图片：

选择桌面 IE 图标，单击鼠标右键，选择“Internet 属性”→“高级”→“多媒体”，在对话框中，将“显示图片”前的对钩去掉。

4. 文件夹属性设置

只读、共享、隐藏和显示：

只读或隐藏：选择文件或文件夹，单击右键，选择弹出菜单中的“属性”命令，勾选“只读”或“隐藏”属性。

共享：选择文件或文件夹，单击右键，选择弹出菜单中的“共享和安全”（或选择“属性”中的选项卡“共享”）→勾选“在网络上共享这个文件夹”。

注意：如果需要将文件夹设置为只读共享，则不能选择“允许网络用户更改我的文件”。

5. Windows 基本设置

主题设置：

“开始”→“设置”→“控制面板”→“外观和主题显示”→“主题”→在“主题”下拉菜单中选择题目要求的选项。

四、例题解析

（1）请设置共享名是 BR 的打印机。

操作步骤：打开试题环境，“开始”→“设置”→“控制面板”→“打印机和传真”→选择打印机，单击右键→“共享”→修改共享名为“BR”→点击“确定”。

(2) 请设置 Outlook Express 在新邮件到达时发出声音，且启动时发送和接受邮件。

操作步骤：打开试题环境，点击考试面板上的“Outlook Express”，启动 Outlook Express→“工具”→“选项”→“常规”→“发送/接收邮件”区域→勾选“新邮件到达时发出声音”和“启动时发送和接受邮件”两项→点击“确定”。

(3) 设置在 Windows 中显示所有文件和文件夹。

操作步骤：打开试题环境，“开始”→“设置”→“控制面板”→双击打开“文件夹选项”→“查看”选项卡→勾选“显示所有文件和文件夹”→点击“确定”。

(4) 打开 outlook Express。将一封收件箱中来自 18251800@mlc. com 主题为“hello!”的电子邮件转发给 you1@mlc. com 和 your2@hotmail. com，抄送给原发件人并将主题改为 funny Story。

操作步骤：打开试题环境，点击考试面板上的“Outlook Express”，启动 Outlook Express →点击“收件箱”→点击选择主题为“hello!”的邮件→点击“转发”→在打开的转发对话框“收件人”栏输入 you1@mlc. com 和 you2@hotmail. com，用逗号或分号隔开→在“抄送”栏输入 18251800@mlc. com→将“主题”栏内容变更为“funny Story”→点击“发送”。

(5) 请修改 Internet 选项以加快网页的下载速度，使 IE 在下载网页时不显示网页上的图片。

操作步骤：打开试题环境，点击“开始”菜单，选择“控制面板”，双击“Internet 选项”，在打开的对话框中点击“高级”选项卡，在“设置”中选择“多媒体”，将“显示图片”前的对钩去掉，点击“确定”。

(6) 将文件夹 (D: \ MLC) 以只读形式共享为“Test”文件夹。

操作步骤：打开试题环境，选择文件夹 D: \ MLC→单击右键→“共享和安全”→勾选“在网络上共享这个文件夹”，不勾选“允许网络用户更改我的文件”→点击“确定”。

(7) 设置 Outlook Express 启动自动转到收件箱，并且每隔 10 分钟检查新邮件。

操作步骤：打开试题环境，点击考试面板上的“Outlook Express”，启动 Outlook Express→“工具”菜单→“选项”→“常规”→“发送/接收邮件”区域→勾选“每隔 () 分钟检查一次右键”，输入数字为 10。

(8) 在主题中将 Windows 外观设置为 Windows XP 样式。

操作步骤：打开试题环境，“开始”→“设置”→“控制面板”→“外观和主题”→“显示”→“更改计算机的主题”选项卡的“主题”区域下拉菜单中选择“Windows XP”选项→点击“确定”。

第二章

Windows XP 文件及文件夹操作重点讲解和例题解析

一、考核目标

- 了解文件和文件夹的属性以及属性设置方法。
- 理解路径的概念。
- 掌握文件和文件夹的创建。
- 文件和文件夹的复制。
- 文件和文件夹的移动。
- 文件和文件夹的更名。
- 文件和文件夹的删除。
- 文件和文件夹的查找。

二、学习建议

建议学生学习《计算机应用基础，Windows XP 操作系统》中的相关内容，并利用教材的附带光盘进行模拟操作。

三、考核重点讲解

1. 文件和文件夹的概念

文件：是指存储在一定媒体上的一组相关信息的集合，可以是程序、数据、文本、图形和声像资料。

文件的名字一般由两部分组成，即文件名和扩展名，扩展名表示文件的类型，位于文件名之后，与文件名之间用一个点分开。

文件夹也称为目录，是用来存放文件和子文件夹的。

根文件也称为根目录，是树状结构文件夹的最顶层，代表磁盘驱动器。

2. 文件和文件夹的创建

- 创建文件夹：启动“资源管理器”→选定要创建文件夹的位置→打开“文件”菜单

中的“新建”子菜单并选定“文件夹”选项→在高亮显示的文件夹名位置输入文件夹名称→回车。

● 创建文件：常考核的创建文件类型为 txt 文件，即纯文本类型的文件。创建方法如下，启动资源管理器→选定要创建文件夹的位置→打开“文件”菜单中的“新建”子菜单并选定“文本文档”选项→在高亮显示的文件名位置输入文件名称→回车。

其他类型文件的创建：如 Word 文档、PowerPoint 文档、Excel 文档、压缩文档等，创建方法同上。

注意：创建文件和文件夹除了在“资源管理器”中操作外，还可以通过打开“我的电脑”进行操作。此外，也可以通过在创建位置空白处单击鼠标右键，在出现的快捷菜单中选择“新建”命令中的创建项目实现创建操作。

3. 文件和文件夹的选定

单击文件图标或文件夹图标即可选定单个文件和文件夹。

选择多个对象：

先单击一个文件或文件夹图标，按下“Ctrl”键的同时点击其他文件，每单击一次可以选定一个目标，可以实现不连续的多个文件或文件夹的选定操作。

先单击一个文件或文件夹图标，按下“Shift”键的同时选择其他文件可以实现连续的多个文件或文件夹的选定操作，即第一个选定目标至当前所选目标之间的所有文件或文件夹被选定。

4. 文件和文件夹的更名

选择文件或文件夹，单击右键，在弹出的快捷菜单中选择“重命名”，当文件或文件名为编辑状态时，输入名称即可。或者，选择文件或文件夹，点击“文件”下拉菜单，选择菜单中的“重命名”命令，当文件或文件名为编辑状态时，输入名称即可。

注意：重新命名文件时应注意，当前文件名状态如果不显示扩展名，输入文件名时只输入扩展名前的部分，不输入扩展名。

5. 文件和文件夹的复制

● 菜单方式：选择要复制的文件或文件夹，点击“编辑”下拉菜单，选择“复制”菜单项，定位于复制的路径，点击“编辑”下拉菜单，选择“粘贴”菜单项即可实现复制操作。

● 快捷键方式：选择要复制的文件或文件夹，使用组合键“Ctrl＋C”，实现复制功能，定位于复制的路径，按组合键“Ctrl＋V”实现粘贴功能。

● 工具栏方式：选择要复制的文件或文件夹，点击工具栏的复制按钮，定位于复制的路径，点击工具栏的粘贴按钮即可实现复制操作。

● 鼠标拖动方式：选择要复制的文件或文件夹，拖动鼠标至目标路径放开鼠标，即可实现在目标路径复制所选文件或文件夹。

● 快捷菜单方式：选择要复制的文件或文件夹，单击右键，在弹出的快捷菜单中选择“复制”，定位于复制的路径，单击右键，在快捷菜单中选择“粘贴”，即可实现复制操作。

注意：以上几种操作方式中，“复制”功能和“粘贴”功能的不同操作可以组合使用。

6. 文件和文件夹的移动

● 菜单方式：选择要复制的文件或文件夹，点击“编辑”下拉菜单，选择“剪切”，定位于复制的路径，点击“编辑”下拉菜单，选择“粘贴”菜单项即可实现移动操作。

● 快捷键方式：选择要复制的文件或文件夹，使用组合键“Ctrl+X”，实现剪切功能，定位于复制的路径，按组合键“Ctrl+V”，实现粘贴功能。

● 工具栏方式：选择要复制的文件或文件夹，点击工具栏的“剪切”按钮，定位于复制的路径，点击工具栏的粘贴按钮即可实现移动操作。

● 快捷菜单方式：选择要移动的文件或文件夹，单击右键，在弹出的快捷菜单中选择“剪切”，定位于复制的路径，单击右键，在快捷菜单中选择“粘贴”，即可实现移动操作。

注意：以上几种操作方式中，“剪切”功能和“粘贴”功能的不同操作可以组合使用。

7. 文件和文件夹的删除

● 菜单方式：选择要删除的文件或文件夹，点击“文件”下拉菜单，选择“删除”菜单项，即可实现删除文件或文件夹操作。

● 快捷键方式：选择要删除的文件或文件夹，按“Delete”键，可以实现删除文件或文件夹功能。

● 快捷菜单方式：选择要删除的文件或文件夹，单击右键，在弹出的快捷菜单中选择“删除”，即可实现删除操作。

8. 文件和文件夹的查找

● 方法一：在打开的 Windows 窗口中搜索文件，点击工具栏的搜索按钮，在窗口左侧出现搜索命令区域，将要搜索的文件或文件夹名输入“要搜索的文件或文件夹名为：”一栏中，点击“搜索”即可开始搜索。此种方法默认搜索范围为打开窗口路径所指向的范围。

● 方法二：点击“开始”菜单，选择“搜索”命令，在打开的搜索命令区域，将要搜索的文件或文件夹名输入“要搜索的文件或文件夹名为：”一栏中，在“搜索范围”一栏中选择搜索范围，然后，点击“立即搜索”即可开始搜索。

9. 文件和文件夹的属性设置

选择文件或文件夹，单击右键，选择出现的快捷菜单中的“属性”命令，在打开的“属性”对话框中的“常规”选项卡中，“属性”区域有“只读”和“隐藏”两个选项，需要设置哪种属性，勾选该选项即可。

10. txt 文件创建、文字输入和保存

● txt 文件即 Windows 自带的附件程序——记事本，该程序形成的文件格式为文本文档，扩展名为 .txt。

● 创建 txt 文件。

方法一：“开始”→“程序”→“附件”→“记事本”，在打开的记事本程序中输入文本，点击记事本的“文件”下拉菜单，选择其中的“保存”命令，在打开的“另存为”对话框中，在“保存在”一栏输入存储位置，在“文件名”一栏输入文件名，点击“保存”即可在指定位置创建一个 txt 文件。

方法二：打开指定路径，在空白处点击鼠标右键，选择出现的快捷菜单中的“新建”命令，点击“文本文档”，则新建一个 txt 文档，此时，该文档处于命名状态，在文件名位置输入文件名，创建操作完成。

11. 文件和文件夹的隐藏和显示设置

设置文件或文件夹的属性为“隐藏”：

“开始”→“设置”→“控制面板”→“文件夹选项”，在打开的“文件夹选项”对话框中选择“查看”选项卡，在“高级设置”区域，拉动滑动块，可以看到“隐藏文件和文件夹”中有两个选项。选择“不显示隐藏的文件和文件夹”，则隐藏属性的文件或文件夹不可见；选择另一选项“显示所有文件和文件夹”，则隐藏属性的文件或文件夹可见。

注：“文件夹选项”也可通过点击打开的 Windows 窗口的“工具”下拉菜单，选择“文件夹选项”命令打开。其余操作同上。

四、例题解析

1. 请考生按如下的要求进行操作

● 将 D：\ KS 目录下的 MY73 文件夹更名为 MY；

● 在 C：\ YOU \ HOME73 目录下建立 DAD73 文件夹；

● 将 C：\ HOME 目录下的 DAD70 文件夹移到 D：\ YOU 目录下的 HOME73 文件夹下。

操作步骤：打开试题环境

● 打开 D：\ KS 目录，选择文件夹 MY73，单击鼠标右键，在出现的快捷菜单中选择“重命名”，在文件夹名称编辑状态下输入“MY”。

● 打开 C：\ YOU \ HOME73 目录，光标定位于 HOME73 目录下，点击窗口空白处，点击右键，选择快捷菜单中的“新建”命令，选择“文件夹”，则在该目录下出现一个新建的文件夹，并且文件夹名称处于编辑状态，输入“DAD73”，回车即可。

● 打开 C：\ HOME 目录，选择 DAD70 文件夹，点击工具栏的“剪切”按钮，鼠标定位于 D：\ YOU 目录下 HOME73 文件夹下，点击工具栏的“粘贴”按钮，即可实现移动操作。

2. 请考生按如下要求进行操作

● 将 G：\ WJFZ \ SER25 目录下的 YEAR25. txt 文件复制到 C：\ KS 目录下的 YEAR25 文件夹下；

● 将 D：\ SC 目录下的 TASK25. txt 文件删除；

● 将 E：\ GM 目录下的 TASK25. txt 文件更名为 TASK-25. txt。

操作步骤：打开试题环境

● 定位于 G：\ WJFZ \ SER25 文件夹下，选择 YEAR25. txt 文件，点击工具栏的“复制”按钮，鼠标定位于 C：\ KS 目录下的 YEAR25 文件夹中，点击工具栏的“粘贴”

按钮，即可实现复制操作。

● 定位于 D：\ SC 目录，选择文件 TASK25. txt，点击鼠标右键，在出现的快捷菜单中选择“删除”命令，即可删除文件。

● 定位于 E：\ GM 目录，选择文件 TASK25. txt，点击鼠标右键，在出现的快捷菜单中选择“重命名”命令，当文件名称处于编辑状态时，在文件名位置输入 TASK-25. txt，回车即可。

注：重命名文件时注意，当前文件名状态如果不显示扩展名，则输入文件名时只输入扩展名前的部分，不输入扩展名；以本题为例，只输入“TASK-25”部分，不输入“. txt”部分。

3. 在资源管理器，完成以下操作

● 在 C：\ DDKS 文件夹下的 CWINLX 下创建一个名为 QW12 的文件夹；

● 将 C：\ DDKS 文件夹下的 KS3. txt 及 KS5. txt 文件复制到 QW12 文件夹中；

● 删除 C：\ DDKS 文件夹下的 KS4. txt 文件；

● 将 C：\ DDKS 文件夹下的 LS 文件夹更名为 KS30；

● 将 MYFILE. txt 设置成“只读”及“隐藏”属性；

● 将系统设置成“显示所有文件”后，去掉 KS2. txt 文件“隐藏”属性；

● 利用查找功能查找 WSORITE 文件，并移动到 QW12 文件夹下。

操作步骤：打开试题环境，鼠标定位于“开始菜单”，单击右键，在出现的菜单中选择“资源管理器”，打开资源管理器，以下操作均在资源管理器中完成。

● 定位于 C：\ DDKS 文件夹下的 CWINLX 目录下，点击窗口空白处，点击右键，选择快捷菜单中的“新建”命令，选择“文件夹”，则在该目录下出现一个新建的文件夹，并且文件夹名称处于编辑状态，输入“QW12”，回车即可。

● 定位于 C：\ DDKS 目录下，按 Ctrl 键，点击选择 KS3. txt 和 KS5. txt 两个文件，点击工具栏“复制”按钮；然后，打开 C：\ DDKS \ CWINLX \ QW12 目录，点击工具栏“粘贴”按钮。

● 定位于 C：\ DDKS 文件夹，选择 KS4. txt 文件，点击鼠标右键，在出现的快捷菜单中选择“删除”命令，在弹出的“确认文件删除”对话框中点击“确定”。

● 打开 C：\ DDKS 文件夹，选择 LS 文件夹，点击鼠标右键，在出现的快捷菜单中选择“重命名”命令，在文件夹名称处于编辑状态时，输入“KS30”，回车。

● 选择 MYFILE. txt 文件，点击鼠标右键，在出现的快捷菜单中选择“属性”命令，在打开的“属性”对话框的“常规”选项卡的“属性”区域，勾选“只读”和“隐藏”属性，点击“确定”。

● 点击“开始”菜单→“控制面板”→“文件夹选项”，在打开的“文件夹选项”对话框中选择“查看”选项卡，在“高级设置”区域，拉动滑动块，可以看到“隐藏文件和文件夹”中有两个选项，选择“显示所有文件和文件夹”，则隐藏属性的 KS2. txt 文件可见；选择 KS2. txt 文件，点击鼠标右键，在出现的快捷菜单中选择“属性”命令，在打开的“属性”对话框的“常规”选项卡“属性”区域，将“隐藏”属性勾选状态取消，点击“确定”。

• 点击“开始”菜单，选择“搜索”命令，在打开的搜索命令区域的“要搜索的文件或文件夹名为：”一栏中输入“WSORITE”，在“搜索范围”一栏默认搜索范围为电脑硬盘，点击“立即搜索”即可开始搜索。在“搜索结果”窗口中，选择搜索到的 WSORITE 文件，点击鼠标右键，在出现的快捷菜单中选择“剪切”命令，打开 C:\DDKS\CWIN-LX\QW12 目录，点击工具栏“粘贴”命令。

4. 请考生按照如下要求进行操作

• 在 F:\MYFILE 目录下建立名为“我的文件 100”文件夹；

• 将新建立的“我的文件 100”文件夹复制到 E:\STUDENT199 目录下；

• 将 F:\PERQ 目录下的 WANG. txt 文件删除。

操作步骤：打开试题环境

• 打开 F:\MYFILE 目录，点击窗口空白处，点击右键，选择快捷菜单中的“新建”命令，选择“文件夹”，则在该目录下出现一个新建的文件夹，并且文件夹名称处于编辑状态，输入“我的文件 100”，回车即可。

• 在 F:\JBFY 目录下，选择“我的文件 100”，点击工具栏“复制”按钮，打开 E:\STUDENT100 目录，点击工具栏“粘贴”命令。

• 打开 F:\PERQ 目录，选择 WANG. txt 文件，点击鼠标右键，在出现的快捷菜单中选择“删除”命令，在弹出的“确认文件删除”对话框中点击“确定”。

5. 请考生按如下要求进行操作

• 将 C:\DTET 目录下的 MYFILE. txt 文件删除；

• 将 F:\ONLYYOU 目录下的 JULY5. txt 文件设置为“只读”属性；

• 将 E:\CODE 目录下的 COME5. txt 文件更名为 COMING5. txt。

操作步骤：打开试题环境

• 打开 C:\DTET 目录，选择 MYFILE. txt 文件，点击鼠标右键，在出现的快捷菜单中选择“删除”命令，在弹出的“确认文件删除”对话框中点击“确定”。

• 打开 F:\ONLYYOU 目录，选择 JULY5. txt 文件，点击鼠标右键，在出现的快捷菜单中选择“属性”命令，在打开的“属性”对话框的“常规”选项卡“属性”区域，选择“只读”属性，点击“确定”。

• 打开 E:\CODE 目录，选择 COME5. txt 文件，点击鼠标右键，在出现的快捷菜单中选择“重命名”命令，在文件名称处于编辑状态时，输入“COMING5. txt”，回车。

6. 打开资源管理器，完成以下操作

• 在 D:\KS 文件夹下创建一个名为 AB11 的文件夹；

• 将 D:\KS 文件夹下的 KS3. txt 及 KS4. txt 文件移动到 AB11 文件夹下；

• 删除 D:\KS 文件夹下的 KS1. txt 文件；

• 在 D:\KS 文件夹下将 KS5. txt 文件复制到 LS1 文件夹中并更名为 KSSM11. txt；

• 将 KS5. txt 文件设置成“只读”和“隐藏”属性；

• 利用查找功能查找 FIND 文件，并复制到 AB11 文件夹下；

• 将系统设置成“显示所有文件”后，去掉 KS. txt 文件的“隐藏”属性。

操作步骤：打开试题环境，鼠标定位于“开始”，单击右键，在出现的菜单中选择

“资源管理器”，打开资源管理器，以下操作均在资源管理器中完成。

● 定位于D:\KS文件夹，点击窗口空白处，点击右键，选择快捷菜单中的“新建”命令，选择“文件夹”，则在该目录下出现一个新建的文件夹，并且文件夹名称处于编辑状态，输入“AB11”，回车即可。

● 定位于D:\KS目录下，按Ctrl键，点击选择KS3.txt和KS4.txt两个文件，点击工具栏“复制”按钮；然后，打开D:\KS\AB11目录，点击工具栏“粘贴”按钮。

● 定位于D:\KS文件夹，选择KS1.txt文件，点击鼠标右键，在出现的快捷菜单中选择“删除”命令，在弹出的“确认文件删除”对话框中点击“确定”。

● 打开D:\KS文件夹，选择KS5.txt文件，点击工具栏“复制”按钮，打开LS文件夹，点击工具栏“粘贴”按钮，则KS5.txt文件被复制在LS文件夹中；选择KS5.txt文件，点击鼠标右键，在出现的快捷菜单中选择“重命名”命令，在文件夹名称处于编辑状态时，输入“KSSM11.txt”，回车。

● 选择KS5.txt文件，点击鼠标右键，在出现的快捷菜单中选择“属性”命令，在打开的“属性”对话框的“常规”选项卡“属性”区域，勾选“只读”和“隐藏”属性，点击“确定”。

● 点击“开始”菜单，选择“搜索”命令，在打开的搜索命令区域的“要搜索的文件或文件夹名为:”一栏中输入“FIND”，在“搜索范围”一栏默认搜索范围为电脑硬盘，点击“立即搜索”即可开始搜索。在“搜索结果”窗口中，选择搜索到的FIND文件，点击鼠标右键，在出现的快捷菜单中选择“剪切”命令，打开D:\KS\AB11目录，点击工具栏“粘贴”命令。

● 点击“开始”菜单→“控制面板”→“文件夹选项”，在打开的“文件夹选项”对话框中选择“查看”选项卡，在“高级设置”区域，拉动滑动块，可以看到“隐藏文件和文件夹”中有两个选项，选择“显示所有文件和文件夹”，则隐藏属性的KS.txt文件可见；选择KS.txt文件，点击鼠标右键，在出现的快捷菜单中选择“属性”命令，在打开的“属性”对话框的“常规”选项卡“属性”区域，将“隐藏”属性勾选状态取消，点击“确定”。

7. 请考生按如下要求进行操作

● 打开D:\PRT目录下的BREAK128.txt文件，输入：“中国共产党建党90周年”，保存后退出；

● 在D:\WE目录下建立OUR28.txt文件；

● 将C:\PE目录下的RESPOND128.txt文件移到E:\CAUSE128目录下。

操作步骤：打开试题环境

● 打开D:\PRT目录，双击BREAK128.txt文件，运行记事本程序，在打开的文本文档中输入“中国共产党建党90周年”，点击记事本程序的“文件”下拉菜单，点击“保存”命令，关闭记事本程序。

● 打开D:\WE目录，在窗口空白处点击鼠标右键，在出现的快捷菜单中选择“新建”，点击“文本文档”，则在当前位置建立一个新的文本文档文件，在文件名称为编辑状态时输入“OUR28.txt”，回车。

● 打开C:\PE目录，选择RESPOND128.txt文件，点击工具栏“剪切”按钮，打开E:\CAUSE128目录，点击工具栏“粘贴”命令。

8. 打开资源管理器，完成以下操作

● 在C:\KS文件夹下创建一个名为AB15的文件夹；

● 将C:\KS文件夹下的KS3.txt及KS4.txt文件夹复制到AB15文件夹下；

● 将C:\KS文件夹下的LS文件夹更名为KS15；

● 将KS5.txt文件设置成“只读”及“隐藏”属性；

● 删除C:\KS文件夹下的KS1.txt文件；

● 将系统设置成“显示所有文件”后，去掉KS.txt文件的“隐藏”属性；

● 利用查找功能查找DOC文件夹，并移动到AB15文件夹。

操作步骤：打开试题环境，鼠标定位于“开始”，单击右键，在出现的菜单中选择“资源管理器”，打开资源管理器，以下操作均在资源管理器中完成。

● 定位于C:\KS文件夹，点击窗口空白处，点击右键，选择快捷菜单中的“新建”命令，选择“文件夹”，则在该目录下出现一个新建的文件夹，并且文件夹名称处于编辑状态，输入“AB15”，回车即可。

● 定位于C:\KS目录下，按Ctrl键，点击选择KS3.txt和KS4.txt两个文件，点击工具栏“复制”按钮；然后，打开C:\KS\AB15目录，点击工具栏“粘贴”按钮。

● 打开C:\KS文件夹，选择LS文件夹，点击鼠标右键，在出现的快捷菜单中选择“重命名”命令，在文件夹名称处于编辑状时，输入“KS15”，回车。

● 选择KS5.txt文件，点击鼠标右键，在出现的快捷菜单中选择“属性”命令，在打开的“属性”对话框的“常规”选项卡的“属性”区域，勾选“只读”和“隐藏”属性，点击“确定”。

● 定位于C:\KS文件夹，选择KS1.txt文件，点击鼠标右键，在出现的快捷菜单中选择“删除”命令，在弹出的“确认文件删除”对话框中点击“确定”。

● 点击“开始”→“设置”→“控制面板”→“文件夹选项”，在打开的“文件夹选项”对话框中选择“查看”选项卡，在“高级设置”区域，拉动滑动块，可以看到“隐藏文件和文件夹”中有两个选项，选择“显示所有文件和文件夹”，则隐藏属性的KS.txt文件可见；选择KS.txt文件，点击鼠标右键，在出现的快捷菜单中选择“属性”命令，在打开的“属性”对话框的“常规”选项卡的“属性”区域，将“隐藏”属性勾选状态取消，点击“确定”。

● 点击“开始”菜单，选择“搜索”命令，在打开的搜索命令区域的“要搜索的文件或文件夹名为：”一栏中输入“doc”，在“搜索范围”一栏默认搜索范围为“电脑硬盘”，点击“立即搜索”即可开始搜索。在“搜索结果”窗口中，选择搜索到的doc文件，点击鼠标右键，在出现的快捷菜单中选择“剪切”命令，打开C:\KS\AB15目录，点击工具栏“粘贴”命令。

9. 请考生按照如下进行操作

● 将D:\MOV目录下的VOICE43文件夹移到D:\RET目录下的MEET43文件夹下；

● 将 D:\TOP43 目录下的 APPLE43 文件夹更名为 BANANA43；

● 将 D:\DEL 目录下的 FUN 文件夹删除。

操作步骤：打开试题环境

● 打开 D:\MOV 目录，选择 VOICE43 文件夹，点击工具栏“剪切”按钮，打开 D:\RET 目录，双击 MEET43 文件夹，在打开的 MEET43 文件夹窗口下，点击工具栏“粘贴”按钮，完成移动操作。

● 打开 D:\TOP43 目录，选择 APPLE43 文件夹，点击鼠标右键，在出现的快捷菜单中选择“重命名”命令，在文件夹名称处于编辑状态时输入“BANANA43”，回车。

● 打开 D:\DEL 目录，选择 FUN 文件夹，点击鼠标右键，选择“删除”命令，在弹出的“确认文件夹删除”对话框中，点击“确定”。

10. 请考生按如下要求进行操作

● 将 D:\WJER\SER25 目录下的 YEAR25. txt 文件复制到 D:\KS 目录下的 YEAR25 文件夹下；

● 将 D:\SC 目录下的 TASK25. txt 文件删除；

● 将 D:\GM 目录下的 WE. txt 文件更名为 YOU. txt。

操作步骤：打开试题环境

● 打开 D:\WJER\SER25 目录，选择 YEAR25. txt 文件，点击工具栏“复制”按钮，打开 D:\KS 目录，双击 YEAR25 文件夹，在打开的 YEAR25 文件夹窗口下，点击工具栏“粘贴”按钮，完成复制操作。

● 打开 D:\SC 目录，选择 TASK25. txt 文件，点击鼠标右键，选择“删除”命令，在弹出的“确认文件删除”对话框中，点击“确定”。

● 打开 D:\GM 目录，选择 WE. txt 文件，点击鼠标右键，在出现的快捷菜单中选择“重命名”命令，在文件名称处于编辑状态时输入“YOU. txt”，回车。

11. 请考生按如下要求进行操作

● 在 D:\学生目录下建立名为“成绩”的文件夹；

● 将 D:\QIAN 目录下的“数学”文件夹移动到“成绩”文件夹中；

● 将“成绩”文件夹中的“数学”文件夹设置为“隐藏”属性。

操作步骤：打开试题环境

● 打开 D 盘根目录，打开考试系统创建的在考学生的目录，点击窗口空白处，点击右键，在出现的快捷菜单中选择“新建”命令，选择“文件夹”，在文件夹名称处于编辑状态时输入“成绩”，回车。

● 打开 D:\QIAN 目录，选择“数学”文件夹，点击工具栏“剪切”命令，打开 D 盘学生目录下的“成绩”文件夹，点击工具栏“粘贴”命令。

● 点击“数学”文件夹，点击鼠标右键，在出现的快捷菜单中选择“属性”命令，在打开的“属性”对话框的“常规”选项卡“属性”区域，勾选“隐藏”属性，点击“确定”。

12. 请考生按照如下要求进行操作

● 将 D:\DOC 目录下的 FIELD88. txt 文件复制到 D:\INT 目录下的 YOUR88 文件

夹下；

- 将 D：\ DATE 目录下的 DATA88. txt 文件更名为 21. txt；
- 删除 D：\ TUB 目录下的 WIDE88. txt 文件。

操作步骤：打开试题环境

- 打开 D：\ DOC 目录，选择 FIELD88. txt 文件，点击工具栏“复制”按钮，打开 D：\ INT 目录，双击 YOUR88 文件夹，在打开的 YOUR88 文件夹窗口下，点击工具栏“粘贴”按钮，完成复制操作。
- 打开 D：\ DATE 目录，选择 DATA88. txt 文件，点击鼠标右键，在出现的快捷菜单中选择“重命名”命令，在文件名称处于编辑状态时输入“21. txt”，回车。
- 打开 D：\ TUB 目录，选择 WIDE88. txt 文件，点击鼠标右键，选择“删除”命令，在弹出的“确认文件删除”对话框中，点击“确定”。

13. 打开资源管理器，完成以下操作

- 在 C：\ DD 文件夹下的 CWINLX 下创建一个名为 33 的文件夹；
- 将 C：\ DD 文件夹下的 ST1. txt 及 ST4. txt 文件移动到 AB33 文件夹中；
- 在 C：\ DD 文件夹下将 KS3. txt 文件复制到 LS1 文件夹中并更名为 KS33. txt；
- 将 KS3. txt 设置成“隐藏”及“只读”属性；
- 删除 C：\ DD 文件夹下的 KS4. txt 文件；
- 将系统设置成“显示所有文件”后，去掉 KS. txt 文件“隐藏”属性；
- 利用查找功能查找 MSSOWER 文件，并复制到 AB33 文件夹下。

操作步骤：打开试题环境，鼠标定位于“开始菜单”，单击右键，在出现的菜单中选择“资源管理器”，打开资源管理器，以下操作均在资源管理器中完成。

- 定位于 C：\ DD 文件夹下的 CWINLX 目录下，点击窗口空白处，点击右键，选择快捷菜单中的“新建”命令，选择“文件夹”，则在该目录下出现一个新建的文件夹，并且文件夹名称处于编辑状态，输入“33”，回车即可。
- 定位于 C：\ DD 目录下，按 Ctrl 键，点击选择 ST1. txt 和 ST4. txt 两个文件，点击工具栏“复制”按钮；然后，打开 C：\ DD \ CWINLX \ 33 目录，点击工具栏“粘贴”按钮。
- 打开 C：\ KS 文件夹，选择 KS3. txt 文件，点击工具栏“复制”按钮，打开 LS1 文件夹，点击工具栏“粘贴”按钮，则 KS3. txt 文件被复制在 LS1 文件夹中；选择 KS3. txt 文件，点击鼠标右键，在出现的快捷菜单中选择“重命名”命令，在文件夹名称处于编辑状态时，输入“KS33. txt”，回车。
- 选择 KS3. txt 文件，点击鼠标右键，在出现的快捷菜单中选择“属性”命令，在打开的“属性”对话框的“常规”选项卡“属性”区域，勾选“只读”和“隐藏”属性，点击“确定”。
- 定位于 C：\ KS 文件夹，选择 KS4. txt 文件，点击鼠标右键，在出现的快捷菜单中选择“删除”命令，在弹出的“确认文件删除”对话框中点击“确定”。
- 点击“开始”→“设置”→“控制面板”→“文件夹选项”，在打开的“文件夹选项”对话框中选择“查看”选项卡，在“高级设置”区域，拉动滑动块，可以看到“隐藏文件和文件夹”中有两个选项，选择“显示所有文件和文件夹”，则隐藏属性的 KS. txt 文件可见；选择 KS. txt 文件，点击鼠标右键，在出现的快捷菜单中选择“属性”命令，在打开的“属性”对话框的“常规”选项卡的“属性”区域，将“隐藏”属性勾选状态取消，点击“确定”。

● 点击“开始”菜单，选择“搜索”命令，在打开的搜索命令区域的“要搜索的文件或文件夹名为：”一栏中输入“MSSOWER”，在“搜索范围”一栏默认搜索范围为电脑硬盘，点击“立即搜索”即可开始搜索。在“搜索结果”窗口中，选择搜索到的 MSSOWER 文件，点击鼠标右键，在出现的快捷菜单中选择“剪切”命令，打开 C：\ DD \ CWINLX \ AB33 目录，点击工具栏“粘贴”命令。

14. 请考生按照如下要求进行操作

● 将 D：\ KS 目录下的 45 文件夹删除；

● 将 D：\ OFFICE 目录下的 WORD45 文件夹移到 D：\ OFF 目录下的 MEET45 文件夹下；

● 将 D：\ LEFT45 目录下的 RIGHT45 文件夹更名为 LEFT45。

操作步骤：打开试题环境

● 打开 D：\ KS 目录，选择 45 文件夹，点击鼠标右键，选择“删除”命令，在弹出的“确认文件夹删除”对话框中，点击“确定”。

● 打开 D：\ OFFICE 目录，选择 WORD45 文件夹，点击工具栏“剪切”按钮，打开 D：\ OFF 目录，双击 MEET45 文件夹，在打开的 MEET45 文件夹窗口下，点击工具栏“粘贴”按钮，完成移动操作。

● 打开 D：\ LEFT45 目录，选择 RIGHT45 文件夹，点击鼠标右键，在出现的快捷菜单中选择“重命名”命令，在文件夹名称处于编辑状态时输入“LEFT45”，回车。

15. 请考生按照如下要求进行操作

● 在 D：\ OPTION3 目录下建立 SINCE3. txt 文件；

● 将 D：\ SUP 目录下的 ABOUT3. txt 文件复制到 D：\ SURE3 目录下；

● 将 D：\ NONE3 目录下的 GREAT3. txt 文件更名为 DRIVE3. txt。

操作步骤：打开试题环境

● 打开 D：\ OPTION3 目录，在打开的窗口空白处点击鼠标右键，在出现的快捷菜单中选择“新建”，点击“文本文档”，在新建的文本文档名称处于编辑状态时输入“SINCE3. txt”，回车。

● 打开 D：\ SUP 目录，选择 GREAT3. txt 文件，点击工具栏的“复制”按钮，打开 D：\ SURE3 目录，点击工具栏的“粘贴”按钮。

● 打开 D：\ NONE3 目录，选择 GREAT3. txt 文件，点击鼠标右键，在出现的快捷菜单中选择“重命名”命令，在文件名称处于编辑状态时输入“DRIVE3. txt”，回车。

16. 打开资源管理器，完成以下操作

● 在 D：\ KS 文件夹下的 CWINLX 下创建一个名为 ABC 的文件夹；

● 将 D：\ KS 文件夹下的 KS1. txt 及 KS3. txt 文件复制到 ABC 文件夹中；

● 在 D：\ KS 文件夹下将 KS4. txt 文件复制到 LS1 文件夹中并更名为 KS25. txt；

● 设置 KS4. txt 为“隐藏”及“只读”属性；
● 将 D：\ KS 文件夹下的 KS5. txt 文件删除；
● 将系统设置成“显示所有文件”后，去掉 KS2. txt 文件的“隐藏”属性；
● 利用查找功能查找 ME 文件，并移动到 ABC 文件夹下。

操作步骤：打开试题环境，鼠标定位于“开始菜单”，单击右键，在出现的菜单中选择“资源管理器”，打开资源管理器，以下操作均在资源管理器中完成。

● 定位于 D：\ KS 文件夹下的 CWINLX 目录下，点击窗口空白处，点击右键，选择快捷菜单中的“新建”命令，选择“文件夹”，则在该目录下出现一个新建的文件夹，并且文件夹名称处于编辑状态，输入“ABC”，回车即可。

● 定位于 D：\ KS 目录下，按 Ctrl 键，点击选择 KS1. txt 和 KS3. txt 两个文件，点击工具栏“复制”按钮；然后打开 D：\ KS \ CWINLX \ ABC 目录，点击工具栏“粘贴”按钮。

● 打开 C：\ KS 文件夹，选择 KS4. txt 文件，点击工具栏“复制”按钮，打开 LS1 文件夹，点击工具栏“粘贴”按钮，则 KS4. txt 文件被复制在 LS1 文件夹中；选择 KS4. txt 文件，点击鼠标右键，在出现的快捷菜单中选择“重命名”命令，在文件夹名称处于编辑状态时，输入“KS25. txt”，回车。

● 选择 KS4. txt 文件，点击鼠标右键，在出现的快捷菜单中选择“属性”命令，在打开的“属性”对话框的“常规”选项卡“属性”区域，勾选“只读”和“隐藏”属性，点击“确定”。

● 定位于 C：\ KS 文件夹，选择 KS5. txt 文件，点击鼠标右键，在出现的快捷菜单中选择“删除”命令，在弹出的“确认文件删除”对话框中点击“确定”。

● 点击“开始”→“设置”→“控制面板”→“文件夹选项”，在打开的“文件夹选项”对话框中选择“查看”选项卡，在“高级设置”区域，拉动滑动块，可以看到“隐藏文件和文件夹”中有两个选项，选择“显示所有文件和文件夹”，则隐藏属性的 KS2. txt 文件可见；选择 KS2. txt 文件，点击鼠标右键，在出现的快捷菜单中选择“属性”命令，在打开的“属性”对话框的“常规”选项卡的“属性”区域，将“隐藏”属性勾选状态取消，点击“确定”。

● 点击“开始”菜单，选择“搜索”命令，在打开的搜索命令区域的“要搜索的文件或文件夹名为：”一栏中输入“ME”，在“搜索范围”一栏默认搜索范围为“电脑硬盘”，点击“立即搜索”即可开始搜索。在“搜索结果”窗口中，选择搜索到的 ME 文件，点击鼠标右键，在出现的快捷菜单中选择“剪切”命令，打开 D：\ KS \ CWINLX \ ABC 目录，点击工具栏“粘贴”命令。

五、本章练习

1. 请考生按如下要求进行操作

● 在 D：\ CREATE \ TIM33 目录下建立 MEET33 文件夹；
● 将 D：\ CREATE 目录下的 WORD33 文件夹移动到 F：\ NEW 目录下的 MEET-

ING33 文件夹下；

- 将 D:\WJJ 目录下的 TASK33 文件更名为 TASK_33。

2. 请考生按如下要求进行操作

- 将 D:\WJ 目录下的 PAINT. txt 文件移动到 D:\OVA 目录下；
- 将 D:\SECTION 目录下的 BALANCE. txt 文件设置为“只读”属性；
- 将 D:\GM 目录下的 ACCOUNT. txt 文件更名为 UNION. txt。

3. 打开资源管理器，完成以下操作

- 在 F:\KS 文件夹下创建一个名为 AB 的文件夹；
- 将 F:\KS 文件夹下的 KS1. txt 及 KS5. txt 文件复制到 AB 文件夹下；
- 在 F:\KS 文件夹下将 KS3. txt 文件复制到 LS1 文件夹中并更名为 KSSM15. txt；
- 将 KS3. txt 文件设置成“只读”并去掉“存档”属性；
- 删除 F:\KS 文件夹下的 KS4. txt 文件；
- 将系统设置成“显示所有文件”后，去掉 KS2. txt 文件的“隐藏”属性；
- 利用查找功能查找 OUR 文件夹，并移动到 AB 文件夹下。

六、本章练习解题步骤

第 1 题操作提示

- 定位于 D:\CREATE\TIM33 目录下，点击窗口空白处，点击右键，选择快捷菜单中的“新建”命令，选择“文件夹”，则在该目录下出现一个新建的文件夹，并且文件夹名称处于编辑状态，输入“MEET33”，回车即可。
- 打开 D:\CREATE 文件夹，选择 WORD33 文件，点击工具栏“剪切”按钮，打开 F:\NEW 目录下的 MEETING33 文件夹，点击工具栏“粘贴”按钮，则 WORD33 文件被移动到 F:\NEW 目录下的 MEETING33 文件夹中；
- 打开 D:\WJJ 目录，选择 TASK33 文件，点击鼠标右键，在出现的快捷菜单中选择“重命名”命令，在文件夹名称处于编辑状态时，输入“TASK_33”，回车。

第 2 题操作提示

- 打开 D:\WJ 文件夹，选择 PAINT. txt 文件，点击工具栏“剪切”按钮，打开 D:\OVA 目录，点击工具栏“粘贴”按钮，则 PAINT. txt 文件被移动到 D:\OVA 目录下。
- 打开 D:\SECTION 目录，选择 BALANCE. txt 文件，点击鼠标右键，在出现的快捷菜单中选择“属性”命令，在打开的“属性”对话框的“常规”选项卡的“属性”区域，勾选“只读”属性，点击“确定”。
- 打开 D:\GM 目录，选择 ACCOUNT. txt 文件，点击鼠标右键，在出现的快捷菜单中选择“重命名”命令，在文件夹名称处于编辑状态时，输入“UNION. txt”，回车。

第 3 题操作提示

打开试题环境，鼠标定位于“开始”，单击右键，在出现的菜单中选择“资源管理器”，打开资源管理器，以下操作均在资源管理器中完成。

● 打开 F:\KS 文件夹，点击窗口空白处，点击右键，选择快捷菜单中的“新建”命令，选择“文件夹”，则在该目录下出现一个新建的文件夹，并且文件夹名称处于编辑状态，输入“AB”，回车即可。

● 定位于 F:\KS 目录下，按 Ctrl 键，点击选择 KS1. txt 和 KS5. txt 两个文件，点击工具栏“复制”按钮；然后，打开 F:\KS\AB 目录，点击工具栏“粘贴”按钮。

● 打开 C:\KS 文件夹，选择 KS3. txt 文件，点击工具栏“复制”按钮，打开 LS1 文件夹，点击工具栏“粘贴”按钮，则 KS3. txt 文件被复制在 LS1 文件夹中；选择 KS3. txt 文件，点击鼠标右键，在出现的快捷菜单中选择“重命名”命令，在文件夹名称处于编辑状态时，输入“KSSM15. txt”，回车。

● 选择 KS4. txt 文件，点击鼠标右键，在出现的快捷菜单中选择“属性”命令，在打开的“属性”对话框的“常规”选项卡的“属性”区域，勾选“只读”，去掉“存档”属性勾选状态，点击“确定”。

● 定位于 C:\KS 文件夹，选择 KS4. txt 文件，点击鼠标右键，在出现的快捷菜单中选择“删除”命令，在弹出的“确认文件删除”对话框中点击“确定”。

● 点击“开始”→“控制面板”→“文件夹选项”，在打开的“文件夹选项”对话框中选择“查看”选项卡，在“高级设置”区域，拉动滑动块，可以看到“隐藏文件和文件夹”中有两个选项，选择“显示所有文件和文件夹”，则隐藏属性的 KS2. txt 文件可见；选择 KS2. txt 文件，点击鼠标右键，在出现的快捷菜单中选择“属性”命令，在打开的“属性”对话框的“常规”选项卡的“属性”区域，将“隐藏”属性勾选状态取消，点击“确定”。

● 点击“开始”菜单，选择“搜索”命令，在打开的搜索命令区域的“要搜索的文件或文件夹名为:”一栏中输入“OUR”，在“搜索范围”一栏默认搜索范围为电脑硬盘，点击“立即搜索”即可开始搜索。在“搜索结果”窗口中，选择搜索到的 OUR 文件，点击鼠标右键，在出现的快捷菜单中选择“剪切”命令，打开 F:\KS\CWINLX\AB 目录，点击工具栏“粘贴”命令。

第三章▶▶▶

Word 重点讲解和例题解析

一、考核目标

- 文档的打开、保存和关闭。
- 页面设置。
- 文档编辑。
- 字体设置。
- 段落设置。
- 边框和底纹。
- 项目符号和编号。
- 文本框和画图。
- 表格的建立和编辑。
- 表格的修饰和排版。
- 表格与文档的转换。
- 表格数据处理。

二、学习建议

抓住考核重点，练习《计算机应用基础，Word 2003 文字处理系统》配套教材光盘后的习题，对照真题，查漏补缺，巩固学习效果。

三、考核重点讲解

1. 文本编辑

(1) 打开文档、原盘存储文档、文档另存为其他文件名。

打开 Word 文档的方法："开始→程序→Microsoft Office→ Microsoft Office Word"，运行 Word 程序后，点击"文件"下拉菜单，点击"打开"命令，在打开的对话框中，选择要打开的文档，打开即可。按照文档路径找到文档所在位置，双击文档，可以在运行 Word 程序的同时打开 Word 文档。

原盘存储：把编辑文档修改的内容保存在原本文件路径，并以原文件名命名。点击“文件”下拉菜单的“保存”命令即可。

另存为：指把当前文档以别的文件名存储。点击“文件”下拉菜单的“另存为”命令即可。

（2）另起一行、另起一段。

文档的输入是从插入点开始的，即插入点显示了输入文本的插入位置。

当输入的文字到达每一行的右边界时，不使用回车键换行，Word 会根据纸张的大小和设定的左右缩进量自动换行。

当一个段落输入完毕时按回车键，系统将在段落末尾处插入一个段落标记，即另起一段。

（3）字体、字号、风格、下划线、字体颜色、上下标、空心字等的设置。

字体、字号和风格设置是文本编辑中最常见的考核点，简单的设置可在工具栏中进行。

复杂的设置在“格式”菜单中的“字体”对话框中设置，可以设置包括字体、字号、风格在内的其他设置，如字符间距、文字效果、文字颜色、效果等。下划线、上下标、着重号、空心字等都在该对话框中进行设置。

（4）文字水印。

选择“格式”下拉菜单，点击“背景”，在弹出的子菜单中选择“水印”，出现“水印”对话框，可以在其中为文档设置图片水印和文字水印。

（5）纸张大小，页边距、版式的页面设置。

选择“文件”下拉菜单中的“页面设置”，在弹出的对话框中有“页边距”、“纸张”、“版式”等选项卡，可以分别设置。

（6）对齐方式。

文本对齐方式有多种，简单的对齐方式可以在工具栏的对齐方式中进行选择，一般为居左、居右、居中、两边对齐和两端对齐。

如果工具栏不能进行设置，可以选择“格式”下拉菜单中的“段落”，在弹出的对话框中选择“缩进和间距”对话框，可以在“对齐方式”一栏选择设置。

（7）首行缩进、行间距、段落间距。

选择“格式”下拉菜单中的“段落”，在弹出的对话框中选择“缩进和间距”对话框，可以在“缩进”一栏设置段落左右缩进和段落首行缩进。在“间距”一栏可以设置段前、段后间距和行间距。

注意：设置缩进和间距时要注意度量单位，可能会要求以字符、厘米或者磅来度量。

更改度量单位的方法：在“工具”下拉菜单中选择“选项”，在弹出的对话框中选择“常规”选项卡，在界面下部“度量单位”栏中进行度量单位设置。

（8）复制、移动和删除。

插入点在要复制内容之前，拖动鼠标选择要复制的内容，点击“编辑”下拉菜单中的“复制”命令，将插入点置于指定的位置，点击“编辑”下拉菜单中的“粘贴”命令，即可实现复制操作。

插入点在要剪切内容之前，拖动鼠标选择要剪切的内容，点击“编辑”下拉菜单中的“剪切”命令，将插入点置于指定的位置，点击“编辑”下拉菜单中的“粘贴”命令，即可实现移动操作。

“Ctrl＋C”组合键可以实现“复制”命令功能；“Ctrl＋X”组合键可以实现“剪切”命令功能；“Ctrl＋V”组合键可以实现“粘贴”命令功能。另外还可以利用工具栏的“复制”、“剪切”和“粘贴”快捷键实现复制、移动操作。

插入点在要复制内容之前，拖动鼠标选择要复制的内容，点击“Backspace”或者“Delete”键都可以删除文本。

(9) 首字下沉。

“格式”→“首字下沉”，在对话框中可以选择“下沉”和“悬挂”两种方式，并可以对下沉行数、首字字体以及距离正文距离进行设置。

(10) 查找替换文字。

“编辑”→“替换”，在对话框中的“查找内容”栏中输入要查找的内容，在“替换为”栏中输入要替换的内容，“替换”即可。

(11) 特殊字符的插入和替换。

因为特殊字符无法直接输入在“替换为”栏中，所以首先在文中插入特殊字符，用剪切的方式将特殊字符保留在剪贴板中，使用粘贴功能将其复制在“替换为”栏中。

具体做法如下：在菜单栏上选择“插入”菜单，选择“符号”选项，在“符号”选项卡中有多个符号集，可以根据题目要求或者文档需要选择字符集中的字符插入。每个字符都有对应的字符代码，可以通过字符代码快速找到相应字符。插入后，选择该字符，使用“剪切”命令，将字符保存在剪贴板，点击“编辑”→“替换”，在对话框中的“查找内容”栏中输入要查找的内容，在“替换为”栏使用“粘贴”功能，将字符填入，点击“替换”即可。

2. 表格操作

(1) 插入表格。

“表格”下拉菜单→“插入”→“表格”，出现“插入表格”对话框，在“列数”和“行数”中输入行数和列数。

(2) 表格设置。

行高列宽设置：“表格”下拉菜单→“表格属性”→在“行”或“列”选项卡里指定行高和列宽。

表格对齐设置：表格对齐（表格相对于页面的对齐方式）：选中表格→“表格”下拉菜单→“表格属性”→在“表格”选项卡中的对齐方式中进行设置。

单元格内容对齐（表格中所输入内容的对齐方式）：选中单元格内容，单击右键→“单元格对齐方式”→在对齐方式中进行选择设置。

表格内容位置调整：考核点为表格内容的移动或者删除，使用“复制”、“剪切”和“粘贴”命令来实现复制和移动的功能；选择要删除内容，点击退格键或者“Delete”键实现表格内容的清除。

单元格合并和拆分：

多个单元格合并为一个单元格叫合并单元格。一个单元格被拆分为多个单元格叫做拆分单元格。

合并单元格：选择要合并的多个单元格→“表格”下拉菜单→“合并单元格”，如此可将多个单元格合并为一个单元格。

拆分单元格：鼠标定位于要拆分的单元格内→“表格”下拉菜单→“拆分单元格”→在出现的对话框中输入拆分的行数和列数，如此可将一个单元格拆分为多个单元格。

表格自动套用格式：选定表格→“表格”下拉菜单→“表格自动套用格式”→选择套用格式样式和应用范围。

(3) 调整文字、段落、表格的边框和底纹。

边框和底纹可以应用于文字、段落和表格。边框还可以应用于页面边框，使用时必须选择应用对象。

添加边框：“格式”→“边框和底纹”→选择边框样式、边框线形、边框颜色、边框磅数以及应用对象。

页面边框：“格式”→“页面边框”→选择边框样式、边框线形、边框颜色、边框磅数。

添加底纹：“格式”→“边框和底纹”→在“底纹”选项卡中选择填充的颜色、图案以及应用对象。

(4) 表格数据排序。

方法一：使用工具栏中的“升序排序”或“降序排序”按钮。

显示“表格和边框”工具栏，如果上述两个按钮没有显示，在此工具栏后打开“添加或删除按钮”→“表格和边框”，勾选这两项。将插入点移入到要排序的数据列中（任一个单元格中都可以）。单击“升序排序”按钮，该列中的数字将按从小到大排序，汉字按拼音从A到Z排序，行记录顺序按排序结果调整；单击“降序排序”按钮，该列中的数字将按从大到小排序，汉字按拼音从Z到A排序，行记录顺序按排序列结果相应调整。

方法二：使用“表格”菜单中的“排序命令”。

将插入点置于要排序的表格中，“表格”→“排序”，打开“排序”对话框。选择“主要关键字”、“类型”、“升序”或“降序”；如果数据很多，可能还需要对次要关键字和第三关键字进行排序设置，操作方法相同，选择“确定”即可实现排序。

(5) 表格数据求和计算。

横向求和：将光标定位于求和结果所处单元格中，选择菜单栏“表格→公式”，在出现的对话框的公式一栏中默认出现SUM函数，如果插入点左侧为求和数据则显示为：SUM (LEFT)，点击“确定”即可求和。另外，可以对求和数据格式在“数字格式”栏中进行设置。

纵向求和：这个和横向求和的方法一样，只是公式对话框中的“=SUM(LEFT)”会变成“=SUM(ABOVE)”，如果插入点上部为求和数据，则显示：SUM(ABOVE)，点击“确定”即可求和。括号内的英文可以手动输入。

某几个单元格求和：Word单元格引用方式与Excel同理，A1表示第一行第一列，B1表示第一行第二列，A2表示第二行第一列，等等。求几个单元格的和时，将光标定位于求和结果所处单元格中，选择菜单栏“表格→公式”，在出现的对话框的公式一栏中默认出现SUM函数，清除后输入公式，以“=”开头，输入单元格引用名称相加的算式，例如：=A1+B2+C4，可以是连续多个单元格，也可以是不连续多个单元格。同样，输入相应的公式，混合运算也可以实现。

（6）文本和表格的转换。

分隔符：将表格转换为文本时，用分隔符标识文字分隔的位置，或在将文本转换为表格时，用其标识新行或新列的起始位置。插入分隔符按指示将文本分成列的位置。使用段落标记指示要开始新行的位置。例如，在某个一行上有三个数据的列表中，在第一个和第三个数据后面插入逗号或制表符，以创建一个三列的表格。

文本转换为表格：首先，选择要转换的文本。在“插入”选项卡上的“表格”组中，单击“表格”，然后单击“文本转换成表格”。在“文本转换成表格”对话框的“文字分隔位置”下，单击要在文本中使用的分隔符对应的选项。在“列数”框中，选择列数。

注意：如果未实现预期的转换效果，则可能是文本中的一行或多行缺少分隔符。

将表格转换成文本：选择要转换成段落的行或表格。在“表格工具”下的“版式”选项卡上的“数据”组中，单击“转换为文本”。在“文字分隔位置”下，单击要用于代替列边界的分隔符对应的选项。表格各行用段落标记分隔。

3. 视图和图文插入

（1）页眉和页脚。

“视图”→“页眉和页脚”，打开“页眉和页脚”工具栏编辑页眉和页脚，默认为编辑页眉，将鼠标指针移至页眉框内，即可开始输入和编辑页眉内容。需要对页脚进行编辑时，只需点击“页眉和页脚”工具栏中的“在页眉和页脚间切换”按钮，即可编辑页脚。编辑完成后，要回到主文档，可选择“页眉和页脚”工具栏上的“关闭”按钮，或者双击主文本区。要重新进入页眉和页脚编辑状态，可在主文档页眉或页脚区域内双击鼠标。

若要删除页眉和页脚，则在页眉和页脚编辑状态下删除所有的页眉和页脚内容即可。

（2）插入页码。

“插入”→“页码”，打开“页码”对话框，可以对页码插入的位置和对齐方式进行设置，点击“格式”，在“页码格式”对话框中对页码格式进行设置。

（3）项目符号和编号。

在需要添加项目符号的段落中单击，插入光标。在“格式”下拉菜单中选择“项目符号和编号”，打开“项目符号和编号”对话框，在“项目符号字符”选项中单击需要添加的符号，即可更改项目符号。在“编号”选项中选择不同格式的数字，便可为段落编号。

（4）插入剪贴画、图片、图形、艺术字等以及设置属性。

插入剪贴画：

将插入点光标置于需要插入图形的位置。执行“插入”→“图片”→“剪贴画”菜单命令。在“剪贴画”列表中选择卡通画片，单击“插入”按钮。

插入图片：

将插入点光标置于需要插入图片的位置。执行“插入”→“图片”→“来自文件”菜单命令，弹出“插入图片”对话框，从文件列表框中选择图片文件，选择结果即在“预览”窗口显示。单击“插入”按钮，选定的图片即插入到指定位置，其他内容不变，Word 自动重新排版。

插入图形：

单击“常用”工具栏中的“绘图”按钮，或者在工具栏的位置单击右键，在弹出的快捷菜单中选择“绘图”菜单项，都可以显示“绘图”工具栏。利用“绘图”工具栏，可以完成对图形对象的大部分操作。同时需要注意的是，图形的绘制应在页面视图或者 Web 视图下进行，在普通视图或大纲视图下，绘制的图形不可见。

插入艺术字：单击“插入”子菜单中的“图片”命令，弹出“图片”子菜单后选择“艺术字”命令，从“艺术字”库对话框中选择好要插入的“艺术字”式样后，单击“确定”按钮。从“艺术字”对话框中选择好要插入的艺术字式样。在“艺术字”文字对话框中输入编辑的内容后，单击“确定”按钮。在编辑框中输入所要编辑的艺术字，若移动光标选定图片、图形和艺术字，屏幕上还将显示出“图片”工具栏，通过它可以剪裁图片、添加图片边框、调整亮度和对比度。另外也可以通过点击图片、图形和艺术字，单击右键，选择“设置图片格式”菜单，在出现的对话框中进行颜色与线条、版式以及大小等设置。

(5) 插入文件。

选择“插入”→“文件”，会弹出“插入文件”对话框，插入的文件类型有：“Word 文档、Web 页和 Web 档案、文档模版、RTF 格式、文本文件，可以根据题目要求进行选择。

(6) 修改图片位置和文字环绕。

单击要设置格式的图片，在“格式”菜单上，单击“图片”，在“设置图片格式”对话框中，单击“版式”选项卡，然后单击“高级”。

设置文字环绕格式：单击“文字环绕”选项卡，选择所需的文字环绕样式，然后单击“确定”。

设置图片位置格式：单击“图片位置”选项卡，选择所需的水平对齐和垂直对齐位置，通过单击选中所需选项的复选框，然后单击“确定”，关闭“设置图片格式”对话框。

(7) 文件打开权限密码设置。

“工具”→“选项”→“选项”→“安全性”，在“打开文件时的密码”选项中输入密码。

四、例题解析

1. 打开当前试题目录下的素材文件，并完成以下操作

素材：（

联机服务功能以及服务和材料：可能包括技术或者其他错误、不准确信息或者排版错误。Adobe 可以在任何时刻，在不事先通知的情况下更改联机服务功能以及服务和材料，包括任何产品的价格和说明。服务和材料可能是过期的，而 Adobe 并不承诺更新此类服务或材料。

理解并承认：（ⅰ）Adobe 不控制、认可由第三方提供的任何服务或材料，而且对此不

负任何责任；（ⅱ）Adobe对任何此类第三方，其内容、产品或服务不作任何担保；（ⅲ）阁下须自行承担阁下与此类第三方进行交易的风险；（ⅳ）Adobe对第三方所提供的任何内容、产品或服务不负任何责任。
）

● 将文档中的“联机服务功能以及服务和材料:”和“理解并承认:”均另起一行设置为标题，并设置标题小三号、加粗、居中，删除冒号；

● 将正文文字设置为楷体、小四号、加粗；

● 将文档的纸张大小设置为“16开”；

● 保存文档。

操作步骤：

● 将光标定位于“联机服务功能以及服务和材料:”后，点击退格键，删除冒号，回车另起一行，选定“理解并承认:”，在工具栏的字号一栏中选择“小三号”，点击工具栏“**B**”按钮，然后点击工具栏居中对齐按钮“≡≣≡”。同理，将光标定位于“扇区:”后，点击退格键，删除冒号，回车另起一行，选定“磁道”，在工具栏的字号一栏中选择“小三号”，点击工具栏“**B**”按钮，然后点击工具栏居中对齐按钮“≡≣≡”。

● 选择“以磁盘……的数据。”在工具栏字体一栏选择“黑体”，在工具栏字号一栏选择“小四”，点击工具栏“**B**”按钮。同理，选择“将磁盘……的数据。”在工具栏字体一栏选择“楷体”，在工具栏字号一栏选择“小四”，点击工具栏“**B**”按钮。

● 点击“文件”下拉菜单，选择“页面设置”，在打开的对话框中选择“纸张”选项卡，在“纸张大小”一栏中选择“16开”，点击“确定”。

● 点击“开始”菜单，选择“保存”命令。

2. 打开当前试题目录下的素材文件，并完成下面操作

素材：（

Adobe网站与服务

Adobe网站与服务。联机服务功能可能依靠由Adobe经营的网站和网页，例如http://www.adobe.com（统称为“Adobe网站”）上的网站和网页。阁下在访问和使用Adobe网站时，必须遵守http://www.adobe.com/misc/copyright.html上的“Adobe.com使用条件”，以及此类网站上的任何其他条款、条件或通知。Adobe可能在任何时候，出于任何原因，修改或者不再提供Adobe网站、第三方网站和联机服务功能。
）

● 将正文文字设置为小四号、楷体-GB 2312；

● 将标题居中；

● 将全文的段落行间距设置为固定值20磅；

● 纸张设置为A4（21×29.7厘米）；

● 保存文档。

操作步骤：

● 选择正文部分，点击工具栏字号栏选择“小四号”，点击工具栏字体栏，选择“楷体_GB 2312”。

● 光标定位于标题文字，点击工具栏对齐方式中的居中按钮“≡≡≡”。

● 选择正文部分，点击右键，在出现的快捷菜单中选择“段落”，在弹出的对话框中选择“缩进和间距”选项卡，在“间距”区域选择“行距”一栏中的“固定值”，在其后的“设置值”栏中输入“20 磅”。

● 点击“文件”下拉菜单，选择“页面设置”，在打开的对话框中选择“纸张”选项卡，在“纸张大小”一栏中选择“A4（21×29.7 厘米）”，点击确定。

● 点击“开始”菜单，选择“保存”命令。

3. 打开当前试题目录下的素材文件，并完成下面操作

素材：（

第三方网站与服务。联机服务功能可能通过由第三方经营的网站和/或网页提供材料、信息和服务（简称“第三方网站”）。阁下在使用第三方网站以及由此类网站经营者所收集的信息时，需要遵守此类网站上的使用条件和隐私政策。第三方网站只是为了方便用户而提供，在联机服务功能中包括第三方网站的链接并不表明 Adobe 认可此类网站的经营者，或者 Adobe 与该经营者之间有任何关系。阁下通过第三方网站与任何第三方的任何交易，包括交付货物和服务、付款、与此类交易有关的任何其他条款、条件、担保或者表示，只是阁下与此网站经营者之间的事情。Adobe 对此类交易不负任何责任。

	一月	二月	三月	合计
南部	8	7	9	24
东部	7	7	5	19
西部	6	4	7	17

）

● 在西部的上方插入一空行，输入以下数据，并计算出北部的合计值；

北部　8　8　6

● 将一月和二月两列互换位置，设置整个表格行高为 1.5 厘米，列宽为 2.2 厘米，单元格对齐方式为中部居中对齐；

● 设置第一段的字符间距为紧缩 0.8 磅，悬挂缩进为 1 个字符；

● 第一段和第二段之间插入“同心圆”自选图形（图形在画布之外插入），填充颜色为蓝色；

● 纸张大小为 A4（21×29.7 厘米）；

● 保存文档。

操作步骤：

● 光标定位于“西部”所在行，点击“表格”下拉菜单，选择“插入”→“行（在上方）”，在插入的新行的前四个单元格中分别输入：北部、8、8、6；将光标定位于新行的第五个单元格，选择“表格”→“公式”，在打开的对话框的“公式”一栏中，将“=SUM(ABOVE)”的“ABOVE”改写为“LEFT”，“确定”，即可求和。

● 选择“一月”所在的整列，拖动该列，当光标移动到“二月”所在行时，放开鼠标，可实现两列位置互换。选择整个表格，点击“表格”下拉菜单，选择“表格属性”，在弹出的对话框的“行”选项卡中，勾选“指定高度”，并在其后输入“1.5 厘米”；另选“列”选项卡，勾选“指定宽度”，在其后输入“2.2 厘米”；在表格全选状态下，单击右键，在弹出的快捷菜单中选择“单元格对齐方式”，在弹出的下一级菜单中选择如图所示按钮：，即可实现单元格中部居中对齐。

● 选择第一段正文，单击右键，在出现的快捷菜单中选择“字体”，选择“字体”对话框中的“字符间距”选项卡，在“间距”一栏中选择“紧缩”，在“磅值”一栏输入“0.8 磅”；光标定位于第一段，点击右键，在弹出的快捷菜单中选择“段落”，在“段落”对话框中选择“缩进和间距”选项卡中的“特殊格式”栏中选择“悬挂缩进”，其后的“度量值”中输入“1 字符”。

● 光标定位于第一段后，点击“插入”下拉菜单，选择“图片”→“自选图形”，在自选图形工具框选择“基本形状”，在出现的图形集合中选择“同心圆”，在出现的画布以外点击，插入图形；选中图形，单击右键，在出现的快捷菜单中选择“设置自选图形格式”，在出现的对话框的“颜色与线条”选项卡“填充”一栏中的“颜色”之后点击，在色板中选择“蓝色”，“确定”即可。

● 点击“文件”下拉菜单，选择“页面设置”，在打开的对话框中选择“纸张”选项卡，在“纸张大小”一栏中选择“A4（21×29.7 厘米)”，点击“确定”。

● 点击“开始”菜单，选择“保存”命令。

注：以下表格为操作完成后的表格样式：

	二月	一月	三月	合计
南部	7	8	9	24
东部	7	7	5	19
北部	8	8	6	22
西部	4	6	7	17

4. 打开当前试题目录下的素材文件，并完成下面操作

素材：（

阅读条款

本站仅对原软件包“依样”打包，但不保证所提供软件或程序的完整性和安全性，压缩包中页面文件“Readme. html”为本站增加的说明文件。请在使用前查毒，这也是您使用其他网络资源所必须注意的事项。

安装过程中请务必仔细，以免误安装您可能不需要的第三方插件或恶意软件。由本站提供的程序对您的网站或计算机造成严重后果的本站概不负责。未经本站明确许可，任何网站不得非法盗链及抄袭本站资源！

欢迎再次到 PCHome 下载中心（download. pchome. net）下载您所需要的软件。欢迎再次到 PCHome 下载中心（download. pchome. net）下载您所需要的软件。

）

● 将正文第一段设置为小三号、加粗、浅蓝色、加单下划线；

● 删除第三段最后一句（“欢迎再次……所需要的软件。”）；

● 在第一段最后一句前插入当前试题目录下的图片“云 .jpg”，图片的环绕方式设置为四周型；

● 纸型设置为 A4（21×29.7 厘米），上、下、左、右页边距设置为 2 厘米；

● 保存文档。

操作步骤：打开素材文件

● 选择正文第一段，点击工具栏字号一栏，选择“小三号”，点击工具栏“**B**”按钮加粗，点击工具栏的“A”按钮，在出现的色板中选择“浅蓝色”，再点击工具栏“U”。

● 选择第三段最后一句“欢迎再次……所需要的软件。”单击键盘上的“Delete”键删除所选内容。

● 光标定位于第一段最后一句之前，点击“插入”菜单，选择“图片”→“来自文件”，出现“插入图片”对话框，在“查找范围”一栏，按照题目所给图片路径，找到图片“云 .jpg”所在位置，选定图片，点击“插入”，即可插入图片；选中图片点击右键，在弹出的快捷菜单中选择“设置图片格式”，在打开的对话框中点击“版式”选项卡，选择环绕方式为“四周型”。

● 点击“文件”下拉菜单，选择“页面设置”，在打开的对话框中选择“纸张”选项卡，在“纸张大小”一栏中选择“A4（21×29.7 厘米）”，点击“页边距”选项卡，在“页边距”区域内的上、下、左、右四个页边距栏中均输入“2 厘米”，点击“确定”。

● 点击“开始”菜单，选择“保存”命令。

注意：插入图片路径参看题板下方的路径提示。

5. 打开当前试题目录下的素材文件，完成下列操作

素材：（

世界上哪一种哺乳动物的寿命最长？统计结果表明，寿命比较长的哺乳动物，多数是巨型动物，这是为什么呢？

有人认为，体形巨大的动物防御能力强，生命力强，不易受天敌危害。同时体形大就需要比较长的时间来完成生命中各个发育阶段，例如，象的幼仔哺乳期就要 20 个月，真正成熟要 30 岁，而它的最长寿命甚至可达 120 岁。

还有人认为，巨大的动物不但有利于防御严寒，而且一生中消耗热能相对比体形小的动物少，就是所谓体积越大，相对面积越小的缘故。

需要指出的是，所有在人工饲养环境下的动物，往往比在自然环境中活得时间长，这是因为人工饲养环境下各种生存条件都比较有利，而且又没有自然界中的各种敌害和疾病，受害或得病的机会要少得多。

部分哺乳动物寿命比较表

动物	寿命
水獭	11 年
蝙蝠	12 年
松鼠	14 年
狼	16 年

虎　　19年
豹　　21年
狮　　30年
象　　69年
)

● 将正文第二段中的数字“120”设置成上标格式；
● 复制文档标题到正文第四段段尾，与第四段合成为一段；
● 在“统计结果表明……”前插入“⊙”符号（字符：wingdings，164）；
● 将正文第二段设置为首字下沉3行，距正文0.8厘米；
● 将正文最后九行转换为两列的表格，表格自动套用格式为古典1；
● 在正文第二段和第三段中间插入当前试题目录下名为“11.jpg”的图片，环绕方式为“紧密型”，环绕文字为“只在右侧”。

操作步骤：

● 选中正文第二段中的数字“120”，点击“格式下拉菜单”，选择“字体”，在弹出的“字体”对话框的“效果”区域，勾选“上标”，点击“确定”。

● 选择标题部分，点击“编辑”下拉菜单，选择“复制”命令，将光标定位于正文第四段段末，点击“编辑”下拉菜单，选择“粘贴”命令，标题部分即可粘贴在正文第四段末尾，合成一段。

● 将光标定位于“统计结果表明……”前，点击“插入”→“符号”，在“字体”区域选择“wingdings”，在“字符代码”一栏输入“164”，点击“插入”即可插入字符“⊙”。

● 光标定位于正文第二段，选择“格式”→“首字下沉”，在打开的对话框中选择“下沉”，并在“下沉行数”一栏输入“3行”，在“距正文”一栏输入“0.8厘米”，点击“确定”。

● 选择最后9行，点击“表格”→“转换”→“文本转换为表格”，在出现的对话框中，列和行分别默认为2和9，点击“确定”进行转换。光标定位于转换后的表格中，选择“表格”→“表格自动套用格式”，在“表格样式”列表中选择“古典1”，点击“确定”。表格如下图所示：

动物	寿命
水獭	11年
蝙蝠	12年
松鼠	14年
狼	16年
虎	19年
豹	21年
狮	30年
象	69年

● 光标定位于正文第二段末尾，点击“插入”→“图片”→“来自文件”，出现“插入图片”对话框，在“查找范围”一栏，按照题目所给图片路径，找到图片“11.jpg”所在位置，选定图片，点击“插入”，即可插入图片；选中图片点击右键，在弹出的快捷菜单中选择“设置图片格式”，在打开的对话框中点击“版式”选项卡，选择环绕方式为

"紧密型"，"文字环绕方式"为"右对齐"，点击"确定"。

6. 打开当前试题目录下的素材文件，并完成下面操作

素材：（

新时尚下载

最快的更新速度：国内外众多知名软件厂商/作者均与我们有首发合作。最好的下载体验：拥有国内主要 ISP 骨干网下载服务器。

）

- 在文字"最好的下载体验……拥有国内主要 ISP 骨干网下载服务器。"后面添加"最佳的发布平台：众多知名软件在 PCHome 崛起。"文字段；
- 将第一行标题文字设置为宋体、小三号、加粗、居中；
- 正文中的所有中文改为华文楷体、小四号；
- 保存文档。

操作步骤：打开素材文件

- 光标定位于"……宫殿区。"后，调整中文输入法，输入"北京颐和园可作为代表。"
- 选择标题文字"新时尚下载"，点击工具栏字体一栏，选择"宋体"，点击字号一栏，选择"小三号"，点击工具栏加粗按钮 **B**，点击工具栏居中对齐按钮。
- 选择正文所有文字，点击工具栏字体一栏，选择"华文楷体"，点击字号一栏，选择"小四号"。
- 点击"文件"下拉菜单，选择"保存"命令。

7. 打开当前试题目录下的素材文件，并完成下面操作

素材：（

下载中心

下载中心是 PChome 最早成立的频道，电脑之家最早提供给大家的除了 irc 就是下载服务。我们提供的下载软件服务早于华军软件园和天空软件站，是国内最早的软件下载站。

PChome 下载中心扶持推广了无数优秀软件：网络蚂蚁、Foxmail、超级兔子、FlashGet、QQ 珊瑚虫、比特精灵等。目前在国内拥有诸多镜像站点及独立下载服务器，经历多年来的稳定发展，现已成为国内影响力最大的软件下载中心。

）

- 设置标题文字（"下载中心"）为宋体、三号、粗体、绿色；
- 设置第二段正文文字为仿宋 _ GB2312、小四号，行间距为 1.5 倍行距；
- 将正文第一段的第一个字设为首字下沉 3 行，距正文 0.8 厘米。
- 保存文档。

操作步骤：打开素材文件

- 选择标题文字"江南的冬日"，点击工具栏字体一栏，选择"宋体"，点击字号一栏，选择"三号"，点击工具栏加粗按钮 **B**，点击工具栏字体颜色按钮 **A** 旁边的小三角标志，在弹出的色板中选择注释文字为"绿色"的色块。
- 选择最后一段正文，点击工具栏字体一栏，选择"仿宋 _ GB2312"，点击字号一栏，选择“小四号”；点击“格式”下拉菜单，选择“段落”命令，在“段落”对话框的“缩进和间距”选项卡的“间距”区域中，选择“行距”为“1.5倍行距”，点击“确定”。

● 光标定位于正文第一段，点击“格式”下拉菜单，选择“首字下沉”命令，在弹出的对话框中选择第二项“下沉”，并选择“下沉行数”为3行，“距离正文”一栏输入“0.8厘米”，点击“确定”。

● 点击“文件”下拉菜单，选择“保存”命令。

8. 打开当前试题目录下的素材文件，并完成下面操作

素材：（

品名	型号	单价	数量	金额
微机	P-II	12 000	11	132 000
打印机	LQ1600K	4 050	8	324 000
扫描仪	SM600	3 100	6	18 600

）

● 将表格外框线设置为2磅单实线，内框线设置为1磅单实线；

● 表格中的中文设置为宋体、四号、加粗；

● 表格内容均水平垂直居中；

● 保存文档。

操作步骤：打开素材文件

● 选择整个表格，点击“格式”下拉菜单，选择“边框和底纹”命令，在弹出的对话框选择“边框”选项卡，“线型”一栏默认为单实线，在“宽度”一栏选择“2磅”，点击右侧“预览”区域的四条外边框，点击“确定”；然后再选择整个表格，点击“格式”下拉菜单，选择“边框和底纹”命令，在弹出的对话框选择“边框”选项卡，“线型”一栏默认为单实线，在“宽度”一栏选择“1磅”，再在右侧“预览”区域点击内框线，点击“确定”。

● 选择整表，点击“格式”菜单，选择“字体”命令，在出现的对话框“字体”选项卡中的“中文字体”一栏选择“宋体”，在“字形”一栏选择“加粗”，在“字号”一栏选择“四号”。

● 选择整表，单击鼠标右键，在出现的快捷菜单中，光标定位于“单元格对齐方式”命令上，出现对齐方式列表，点击第二行第二列按钮，即为水平垂直对齐。

● 点击“文件”下拉菜单，选择“保存”命令。

操作完成后表格如下：

品名	型号	单价	数量	金额
微机	P-II	12 000	11	132 000
打印机	LQ1600K	4 050	8	324 000
扫描仪	SM600	3 100	6	18 600

9. 打开当前试题目录下的素材文件，并完成下面操作

素材：（

我也曾到过闽粤，在那里过冬天，和暖原极和暖，有时候到了阴历的年边，说不定还不得不拿出纱衫来着；走过野人的篱落，更还看得见许多杂七杂八的秋花！一番阵雨雷鸣过后，凉冷一点；至多也只好换上一件夹衣，在闽粤之间，皮袍棉袄是绝对用不着的；这一种极南的气候异状，并不是我所说的江南的冬景，只能叫它作南国的长春，是春或秋的延长。

江南的地质丰腴而润泽，所以含得住热气，养得住植物；因而长江一带，芦花可以到冬至而不败，红时也有时候会保持得三个月以上的生命。像钱塘江两岸的乌桕树，则红叶落后，还有雪白的桕子着在枝头，一点一丛，用照相机照将出来，可以乱梅花之真。草色顶多成了赭色，根边总带点绿意，非但野火烧不尽，就是寒风也吹不倒的。若遇到风和日暖的午后，你一个人肯上冬郊去走走，则青天碧落之下，你不但感不到岁时的肃杀，并且还可以饱觉着一种莫名其妙的含蓄在那里的生气："若是冬天来了，春天也总马上会来"的诗人的名句，只有在江南的山野里，最容易体会得出。

说起了寒郊的散步，实在是江南的冬日，所给予江南居住者的一种特异的恩惠；在北方的冰天雪地里生长的人，是终他的一生，也决不会有享受这一种清福的机会的。我不知道德国的冬天，比起我们江浙来如何，但从许多作家的喜欢以 Spaziergang 一字来做他们的创造题目的一点看来，大约是德国南部地方，四季的变迁，总也和我们的江南差仿不多。譬如说十九世纪的那位乡土诗人洛在格（Peter Rosegger，1843—1918）罢，他用这一个"散步"做题目的文章尤其写得多，而所写的情形，却又是大半可以拿到中国江浙的山区地方来适用的。

）

- 正文所有文字设置为宋体（西文字体使用中文字体）、四号、红色，第二段阴阳文效果；
- 第一段设置为首字下沉 2 行，删除最后一段；
- 在第一、二段间插入当前试题目录下的图片"观景.jpg"（图片为单独一段）；
- 纸型设置为 A4（21×29.7 厘米），上、下、左、右页边距均设置为 2 厘米。
- 保存文档。

操作步骤：打开素材文件

- 选择正文所有文字，点击工具栏字体一栏，选择"宋体"，点击字号一栏，选择"四号"，点击工具栏字体颜色按钮 A 旁边的小三角标志，在弹出的色板中选择注释文字为"红色"的色块；选择第二段正文文字，点击"格式"菜单，选择"字体"命令，在"字体"选项卡的"效果区域"勾选"阳文"效果，点击"确定"。

- 光标定位于正文第一段，点击"格式"下拉菜单，选择"首字下沉"命令，在弹出的对话框中选择第二项"下沉"，并选择"下沉行数"为 2 行。选择最后一段正文，点击"Delete"键删除。

- 点击"文件"下拉菜单，选择"页面设置"命令，在弹出的对话框中选择"纸张"选项卡，在"纸张大小"一栏选择"A4（21×29.7 厘米）"；点击"页边距"选项卡，在"页边距"区域的上、下、左、右四栏中输入 2 厘米，点击"确定"。

- 点击"文件"下拉菜单，选择"保存"命令。

10. 打开当前试题目录下的素材文件，并完成如下操作

素材：(

朔日公司开发的一级 B FOR DOS 模拟软件，可让考生在完成试题操作的同时适应考场环境。该软件主要包括选择题、操作系统考试题、打字测试考试题、编辑排版考试题和数据库应用考题五个模块，用于全面测试考生的基础知识。

)

- 在页眉插入“公司产品”居中对齐，在页脚插入左对齐页码；
- 在文档开头插入标题“模拟软件”，并加阴影边框，黑色底纹，均应用于文字；
- 将全文行距设置 18 磅，并将字体设置加粗、单下划线、四号、浅绿色；
- 保存文档。

操作步骤：打开素材文件

- 点击“视图”下拉菜单，选择“页眉和页脚”，默认状态为页眉编辑，输入“公司产品”，默认为居中对齐方式；在出现的“页眉和页脚”工具栏中点击“在页眉和页脚间切换”，切换至页脚，点击“插入自动图文集”，选择“页码”，点击工具栏右对齐按钮 。
- 光标定位于文档开头，回车，在第一行输入“模拟软件”，点击“格式”下拉菜单，选择“边框和底纹”命令，在弹出的对话框的“边框”选项卡中选择“阴影边框”，选择应用范围为“文字”；切换到“底纹”选项卡，在左侧色块中选择第四行第一列标注为黑色的色块，选择应用范围为“文字”，点击“确定”。
- 点击“编辑”下拉菜单，选择“全选”，点击右键，选择出现快捷菜单中的“段落”命令，在“缩进和间距”选项卡的“间距”区域中的“行距”一栏选择“固定值”，在其后的“设置值”一栏输入“18 磅”；选择全文状态下，点击工具栏加粗按钮 **B**，点击下划线按钮 U，为文字加单下划线，点击字号一栏，选择“四号”，点击工具栏字体颜色按钮 A 旁边的小三角标志，在弹出的色板中选择第五行第四列的注释文字为“浅绿”的色块。
- 选择全部正文，点击右键，在弹出的快捷菜单选择“项目符号和编号”，选择“项目符号”选项卡里的第一行第二列，即实心圆形符号，点击“确定”。
- 点击“文件”下拉菜单，选择“保存”命令。

11. 打开当前试题目录下的素材文件，并完成下面操作

素材：(

1996 年，Intel 公司推出了一种多媒体扩展技术（MultiMedia eXtension，MMX），使 CPU 具备了更加强大的语音和图像处理能力。

)

- 将文档的中文设置为华文楷体、小四号、加粗、倾斜，数字和字母改为 Arial、四号、加粗；
- 添加页眉内容“MMX”，页脚内容“Intel”；
- 保存文档。

操作步骤：打开素材文件

- 选择全文，点击“格式”菜单，选择“字体”命令，在出现的话框“字体”选项卡中“中文字体”一栏选择“华文楷体”，在“字号”一栏选择“小四号”，在“字形”一栏选择“加粗，倾斜”；在“西文字体”中选择“Arial”，并在“字号”一栏选择“四号”，在“字形”一栏选择“加粗”。

● 点击“视图”下拉菜单，选择“页眉和页脚”，默认状态为页眉编辑，输入“MMX”，在出现的“页眉和页脚”工具栏中点击“在页眉和页脚间切换”，切换至页脚，输入“Intel”。

● 点击“文件”下拉菜单，选择“保存”命令。

12. 打开当前试题目录下的素材文件，并完成下面操作

素材：（

一块玻璃把小屋隔成两半，玻璃的那边，两根绞索垂将下来。垂下的地方是木头做的翻板，犯人被带入绞刑室内，绞索圈住了他们的脖子，这时木板一翻，犯人双脚凌空，就此毙命。在角落里还放着一只大木桶，里面有骸骨——导游介绍说，犯人处死后，被塞进桶内，从屋后的另一个小门运往墓地埋葬。这只展览用的木桶，只是无数被埋葬的木桶之一，而里面的骸骨，也正是当年被处死的犯人，只是，只是我们永远也不可能得知他的名字了。

这样的木桶被称为“尸桶”。

无名者，我向你致敬。

）

● 将第一段文字设置为仿宋 _ GB2312、加粗；

● 设置第三段对齐方式为居中；

● 设置第一段为 2 倍行距；

● 纸型设置为 A4（21×29.7 厘米）。

● 保存文档。

操作步骤：打开素材文件

● 选择第一段正文，点击工具栏字体一栏，选择“仿宋 _ GB2312”，点击工具栏加粗按钮 **B** 。

● 光标定位于第三段，点击工具栏居中对齐按钮 。

● 光标定位于第一段正文，点击右键，选择出现的快捷菜单中的“段落”命令，在“缩进和间距”选项卡的“间距”区域中的“行距”一栏选择“2 倍行距”。

● 点击“文件”下拉菜单，选择“页面设置”命令，在弹出的对话框中选择“纸张”选项卡，在“纸张大小”一栏选择“A4（21×29.7 厘米）”。

● 点击“文件”下拉菜单，选择“保存”命令。

13. 打开当前试题目录下的素材文件，并完成下面操作

素材：（

学号	语文	数学	外语	计算机
A001	85	56	79	70
A002	91	72	91	89
A003	66	62	63	66
A004	67	80	65	65

）

● 将表格设置为列宽2.6厘米，行高自动设置；表格外框线为细实线、蓝色、1.5磅，表内线为细实线、蓝色、1磅；表内文字和数据中部居中；

● 在表格第一行上面插入一行并合并其单元格，在合并后的单元格中输入文字"考试成绩"，并设置其文字格式为小二号、华文楷体、蓝色、加粗、中部居中；

● 保存文档。

操作步骤：打开素材文件

● 选择整个表格，点击"表格"下拉菜单，选择"表格属性"，在打开的对话框中选择"列"选项卡，在尺寸区域，设置"列"的指定宽度为2.6厘米，选择"行"选项卡，在尺寸区域，取消"列"的指定宽度勾选状态；选择整个表格，点击"格式"下拉菜单，选择"边框和底纹"命令，在弹出的对话框选择"边框"选项卡，"线型"一栏默认为单实线，在"宽度"一栏选择"1.5磅"，在"颜色"一栏选择第二行第六列标注颜色为"蓝色"的色块，点击右侧"预览"区域的四条外边框，点击"确定"；然后再选择整个表格，点击"格式"下拉菜单，选择"边框和底纹"命令，在弹出的对话框选择"边框"选项卡，"线型"一栏默认为单实线，在"宽度"一栏选择"1磅"，在"颜色"一栏选择第二行第六列标注颜色为"蓝色"的色块，再在右侧"预览"区域点击内框线，点击"确定"；选择整表，单击鼠标右键，在出现的快捷菜单中，光标定位于"单元格对齐方式"命令上，出现对齐方式列表，点击第二行第二列按钮，即为水平垂直对齐。

● 光标定位于第一行，点击"表格"下拉菜单，选择"插入"→"行（在上方）"，选择插入的一行五个单元格，单击右键，在弹出的快捷菜单中选择"合并单元格"，在合并后的单元格输入文字"考试成绩"，选中该文字，点击工具栏字体一栏选择"华文行楷"，点击工具栏字号一栏选择"小二号"，点击工具栏加粗按钮 **B**，点击工具栏字体颜色按钮 **A** 旁边的小三角标志，在弹出的色板中选择第二行第六列标注为蓝色的色块，然后，单击鼠标右键，在出现的快捷菜单中，光标定位于"单元格对齐方式"命令上，出现对齐方式列表，点击第二行第二列按钮，即为中部居中对齐。

● 点击"文件"下拉菜单，选择"保存"命令。

● 操作完成的表格如下：

考试成绩汇总				
学号	语文	数学	外语	计算机
A001	85	56	79	70
A002	91	72	91	89
A003	66	62	63	66
A004	67	80	65	65

14. 打开当前试题目录下的素材文件，并完成下面操作

素材：（

使用“绘图”工具栏中提供的绘图工具可以绘制像正方形、矩形、多边形、直线、曲线、圆、椭圆等各种图型对象。

如果绘图工具栏不在窗口中，可在“视图”→“工具栏”中选择绘图来设置。

（1）绘制自选图形：在“绘图”工具栏上，用鼠标单击“自选图形”按钮，打开菜单。从各种样式中选择一种，然后在子菜单中单击一种图形，这时鼠标变成＋形状，在需要添加图型的位置，按下鼠标左键并拖动，就插入了一个自选图形。

（2）在图型中添加文字：可用鼠标先选中图形，然后在单击右键弹出的快捷菜单中选添加文字，这是自选图形的一大特点，并可修饰所添加的文字。

设置图形内部填充色和边框线颜色：选中图形，单击鼠标右键，在弹出的快捷菜单中选择“设置自选图形格式”，打开对话框，可在此设置自选图形颜色和线条、大小和版式等。

）

● 设置第一段“使用“绘图”工具……图形对象。”首字下沉 2 行，首字的字体设置为“黑体”，颜色为蓝色；

● 设置最后一段段落“设置图形内部……大小和版式等。”首行缩进 2 个字符，左、右各缩进 1 字符，2 倍行距，段前、段后各设置 2 行；

● 把所有“图型”两字替换为“图形”，“图形”两字格式为倾斜、小四号、绿色并加波浪线。

● 保存文档。

操作步骤：

● 光标定位于正文第一段，点击“格式”下拉菜单，选择“首字下沉”，在弹出的对话框中选择第二项“下沉”，在“字体”一栏选择“黑体”，“下沉行数”一栏输入 2 行；选择首字，点击工具栏字体颜色按钮 A 旁边的小三角标志，在弹出的色板中选择第二行第六列标注为蓝色的色块。

● 光标定位于正文最后一段，单击右键，在弹出的快捷菜单中选择“段落”，选择弹出的对话框的“缩进和间距”选项卡，在“缩进”区域的“特殊格式”一栏选择“首行缩进”，并在其后的“度量值”里输入“2 字符”。在“左”栏和“右”栏中分别输入“1 字符”；在“间距”区域，设置“行距”一栏为“2 倍行距”，在“段前”和“段后”两栏中分别输入“2 行”，点击“确定”。

● 选择全文，点击“编辑”下拉菜单，选择“替换”命令，在“查找内容”一栏输入“图形”，在“替换为”一栏输入“图形”，光标定位在“替换为”一栏的“图形”位置，点击“高级”→“格式”→“字体”，在“字体”对话框中设置“字形”为“倾斜”，“字号”一栏选择“小四号”，“字体颜色”一栏选择弹出色板的第二行第四列标注为“绿色”的色块，最后，在“下划线线型”一栏选择波浪线（列表倒数第三项），点击“确定”。

● 点击“文件”下拉菜单，选择“保存”命令。

15. 打开当前试题目录下的素材文件，并完成下面操作

素材：（

网络的爆炸性发展，为学生开拓了知识面。远在世界另一端的知识可以通过网络获得，学习不再局限于单一的书本，可以自主选择多样化的网络学习。事物有利有弊，网络是一把“双刃剑”，它给学生带来了种种好处，同时也带来了负面影响。

姓名	语文	数学	合计
张欢	87	99	
李中	95	87	
王陵	60	56	
甘福	77	89	

)

- 将第一行标题文字设置为楷体、四号、加粗、居中，设置标题文字为方框边框和图案样式为10%的底纹，应用范围为文字；
- 正文为宋体小四号且第一句带双下划线，第二句黑体四号带单下划线；
- 保存文档。

操作步骤：打开素材文件

- 选择第一行标题文字，在工具栏的字体一栏选择“楷体”，在工具栏的字号一栏中选择“四号”，点击工具栏“**B**”按钮，然后点击工具栏居中对齐按钮“≡≡≡”；选择标题文字，点击“格式”下拉菜单，选择“边框和底纹”，在打开的对话框中选择“边框”选项卡，在左侧的“设置”一栏选择“方框”，在右侧的“应用于”选择“文字”，切换到“底纹”选项卡，在“图案”区域“样式”一栏中选择“10%”，在右侧“应用于”选择“文字”，点击“确定”。
- 选择全部正文，在工具栏的字体一栏选择“宋体”，在工具栏的字号一栏中选择“小四号”；选择第一句话“网络的爆炸性发展，为学生开拓了知识面。”点击鼠标右键，在出现的快捷菜单选择“字体”，在“字体”选项卡中的“下划线线型”选择双下划线，点击“确定”；选择第二句话“远在世界另一端的知识可以通过网络获得，学习不再局限于单一的书本，可以自主选择多样化的网络学习。”，点击鼠标右键，在出现的快捷菜单中选择“字体”，在“字体”选项卡中的“下划线线型”选择单下划线，点击“确定”。
- 点击“文件”下拉菜单，选择“保存”命令。

16. 打开当前试题目录下的素材文件，并完成下面操作

素材：(

慕尼黑

一个优美的市立公园，英式公园。导游图册上说这是慕尼黑最早的现代公众园林，直到今天还是慕尼黑人周末休息游玩的好去处。

公园就在市中心，却是出乎意料地大，需要靠路标来指明方向。它不仅有着英式园林的自然率性，还被赋予了东方的色彩。除了本世纪初开园时就有的一座中国塔外，还有一处是近年请日本园林师来设计建造的东方园。

休息游玩的人果然不少，有许多是全家提着野餐篮，来享受这葱绿的树林。刚开始还希望把所有标明的景点按图索骥地看个遍，很快发现在这样小河潺潺，草坪绿树遍野的大型自然园林里，这样做实在是个愚人。
)

- 将正文文字设置为四号、加粗；
- 将标题设置为居中；
- 将正文段落行间距设置为1.5倍行距；
- 纸型设置为A4（21×29.7厘米）。
- 保存文档。

操作步骤：打开素材文件

- 选择所有正文文字，在工具栏的字号一栏中选择“四号”，点击工具栏“**B**”按钮。
- 选择标题文字，点击工具栏居中对齐按钮“☰☰☰”。
- 选择所有段落，单击右键，在弹出的快捷菜单中选择“段落”，选择弹出的对话框的“缩进和间距”选项卡，在“间距”区域，设置“行距”一栏为“1.5倍行距”，点击“确定”。
- 点击“文件”下拉菜单，选择“页面设置”命令，在弹出的对话框中选择“纸张”选项卡，在“纸张大小”一栏选择“A4（21×29.7厘米）”，点击“确定”。
- 点击“文件”下拉菜单，选择“保存”命令。

17. 打开当前试题目录下的素材文件，并完成下面操作

素材：(

			6月份收支简表（单位：元）	
	支出项目	支出金额	收入项目	收入金额
6月1日			儿童节	100
6月9日	世界杯啤酒	6		
6月13日	买书	110		
6月18日			生日	100
6月24日	理发	20		
小结	支出总额	136	收入总额	200
	结余			+64

样张：

6月份收支简表（单位：元）				
	支出项目	支出金额	收入项目	收入金额
6月1日			儿童节	100
6月9日	世界杯啤酒	6		
6月13日	买书	110		
6月18日			生日	100
6月24日	理发	20		
小结	支出总额	136	收入总额	200
	结余	+64		

)

● 在表格上方加上标题“收支简表”，并设置标题文字格式为黑体、三号、蓝色、居中；

● 按样张所示将表格对应的单元格合并；

● 设置表格中文字格式为小五，并设置表格行高为 0.8 厘米。

● 保存文档。

操作步骤：打开素材文件

● 光标定位于表格上方一行，输入文字“收支简表”作为标题，选择“收支简表”，点击工具栏字体一栏选择“黑体”，点击工具栏字号一栏选择“三号”，点击工具栏字体颜色按钮 A 旁边的小三角标志，在弹出的色板中选择第二行第六列标注为蓝色的色块，点击工具栏居中对齐按钮“ ≡ ≡ ≡ ”。

● 按照样张所示，选择第一行所有单元格，点击右键，在弹出的对话框中选择“合并单元格”；选择最后一行的后三个单元格，点击右键，在弹出的对话框中选择“合并单元格”。

● 选择全表格，点击工具栏字号一栏选择“小五号”；单击鼠标右键，选择“表格属性”，在打开的对话框中选择“行”选项卡，在“尺寸”区域勾选“指定高度”，在其后输入“0.8 厘米”，点击“确定”。

● 点击“文件”下拉菜单，选择“保存”命令。

18. 打开当前试题目录下的素材文件，并完成下面操作

素材：（

网络影响着学生

20 世纪 90 年代以来，计算机网络在全世界迅猛发展，成为现代信息社会的重要标志之一。今天的互联网正以超乎人们想象的速度向前发展，同时这一切也给社会带来了新的负面和问题。根据中国互联网络信息中心（2009.1）的调查统计：中国网民总人数达到 2.98 亿，伴随网民数的增长，我国互联网普及率达到 22.6%，这意味着不到 5 个中国人当中就有 1 人是网民，该比例也首次超过 21.9%的全球平均水平。18 岁以下的占 36.7%，18 岁至 24 岁年龄比例最大，而其主体则是学生。某报社对学生上网曾做过抽样调查，结果是：“从没上过网”，占总数的 13.8%；“经常上网”的占 68.6%；“偶尔上网”的占 17.6%。据国外报道，法国海军行动力量参谋部的计算机的军事机密曾被盗窃，一名学生仅用电脑和电话上网就窃取了价值高达几十亿美元的商业秘密；我国亦有利用计算机网络进行犯罪活动的案例被披露，如大连市某学生，在服务器上设置“限时登录”，且不交出“超级用户口令”，至使服务器每天不定时出现死机现象，严重影响网络业务。此人已被公安局传唤，成为我国修改后的《刑法》实施后，涉嫌“故意破坏计算机信息系统功能罪”条例的第一人。2007 年 4 月 19 日公安部新闻发言人武和平说，据初步的统计，被抓获的青少年犯罪当中，有近 80%的人通过网络受到诱惑。武和平介绍说，近年来，我们在破案当中发现，青少年当中的犯罪人员因为沉迷于网络，或者受到网络黄色信息的侵蚀，作案甚至作大案，进行诈骗、强奸、抢劫、抢夺的犯罪比例非常高。

）

● 设置纸型为“32 开”，“横向”版式，页边距均为“1 厘米”；

● 保存文档。

操作步骤：打开素材文件

● 点击“文件”下拉菜单，选择“页面设置”命令，在弹出的对话框中选择“纸张”选项卡，在“纸张大小”一栏选择“32 开”；切换到“页边距”选项卡，“方向”选择“横向”，上、下、左、右页边距均输入“1 厘米”，点击“确定”。

● 点击“文件”下拉菜单，选择“保存”命令。

19. 打开当前试题目录下的素材文件，并完成下面操作

素材：（

－1 对称 －2

对称是自然存在的一种形式美，许多有生命的物体都存在对称结构。人体、动物不必说，就是植物的枝叶、花瓣也多对称地生长。

）

● 将第一行标题设置为黑体、三号、加粗、倾斜、居中，并设置标题文字为方框边框，应用文字为文字；

● 用符号“wingdings 字符 215”替换字符串“－1”、用符号“wingdings 字符 216”替换字符串“－2”（请严格按照题面的替换顺序进行操作）；

● 将正文文字设置图案样式为 10%的底纹，应用范围为文字；

● 保存文档。

操作步骤：打开素材文件

● 选择标题文字“－1 对称 －2”，在工具栏的字体一栏选择“黑体”，在工具栏的字号一栏中选择“三号”，点击工具栏加粗“**B**”按钮，点击工具栏倾斜按钮“*I*”，然后点击工具栏居中对齐按钮“≡≡≡”；选择标题文字，点击“格式”下拉菜单，选择“边框和底纹”，在打开的对话框中选择“边框”选项卡，在左侧的“设置”一栏选择“方框”，在右侧的“应用于”选择“文字”，点击“确定”。

● 点击“插入”→“符号”，在“字体”区域选择“wingdings”，在“字符代码”一栏输入“215”，点击“插入”即可插入字符“⮜”。选择“⮜”，点击工具栏“剪切”按钮，将“⮜”保存在系统剪切板上，点击“编辑”下拉菜单，选择“替换”命令，在打开的对话框“替换为”一栏按组合键“Ctrl＋v”，将剪贴板上的内容复制到当前位置，点击素材文件，选择被替换的字符“－1”，点击工具栏的“复制”命令，将“－1”保存在系统剪切板上，点击“编辑”下拉菜单，选择“替换”命令，在打开的对话框“查找内容”一栏按组合键“Ctrl＋v”，将剪贴板上的内容复制到当前位置，点击“全部替换”；点击“插入”→“符号”，在“字体”区域选择“wingdings”，在“字符代码”一栏输入“216”，点击“插入”即可插入符号“⮞”。选择“⮞”，点击工具栏“剪切”按钮，将“⮞”保存在系统剪切板上，点击“编辑”下拉菜单，选择“替换”命令，在打开的对话框“替换为”一栏按组合键“Ctrl＋v”，将剪贴板上的内容复制到当前位置，点击素材文件，选择被替换的字符“－2”，点击工具栏的“复制”命令，将“－2”保存在系统剪切板上，点击“编辑”下拉菜单，选择“替换”命令，在打开的对话框“查找内容”一栏按组合键“Ctrl＋v”，将剪贴板上的内容复制到当前位置，点击“全部替换”。

● 选择正文所有文字，点击“格式”下拉菜单，选择“边框和底纹”，在打开的对话框中选择“底纹”选项卡，在“图案”区域“样式”一栏中选择“10%”，在右侧“应用于”选择“文字”，点击“确定”。

20. 打开当前试题目录下的素材文件，并完成下面操作

素材：(

姓名	数学	语文	英语	总分	平均分
王博	66	90	78	234	78
赵进	82	69	92	243	81
范娜	89	82	84	255	85
高洁	91	87	86	264	88

)

● 将表格外框线设置为3磅单实线，内框线设置为1磅单实线；

● 表格中的中文设置为黑体、小四号、加粗，表格中内容均水平垂直居中；

● 保存文档。

操作步骤：打开素材文件

● 选择整个表格，点击“格式”下拉菜单，选择“边框和底纹”命令，在弹出的对话框选择“边框”选项卡，“线型”一栏默认为单实线，在“宽度”一栏选择“3磅”，点击右侧“预览”区域的四条外边框，点击“确定”；然后再选择整个表格，点击“格式”下拉菜单，选择“边框和底纹”命令，在弹出的对话框选择“边框”选项卡，“线型”一栏默认为单实线，在“宽度”一栏选择“1磅”，再在右侧“预览”区域点击内框线，点击“确定”；

● 选择整个表格，在工具栏的字体一栏选择“黑体”，在工具栏的字号一栏中选择“小四号”，点击工具栏加粗“**B**”按钮；选择整个表格，单击鼠标右键，在出现的快捷菜单中，光标定位于“单元格对齐方式”命令上，出现对齐方式列表，点击第二行第二列按钮，即为水平垂直居中对齐。

● 点击“文件”下拉菜单，选择“保存”命令。

21. 打开当前试题目录下的素材文件，并完成下面操作

素材：(

中国载人航天工程运载火箭系统总指挥黄春平说，中国的运载火箭已具备将探测器送上月球的能力。

黄春平说，属于高轨道运载火箭的长征3号系列火箭，是中国目前运载能力最大的火箭，也是世界上高轨道运载能力较大的著名火箭，可分别将1.6吨、2.4吨和3.3吨的探测器送入奔月轨道。

他说，经过40多年的不懈努力，中国的航天运载技术已跻身世界先进行列，长征系列火箭已具有发射近地轨道、太阳同步轨道、地球同步转移轨道等多种轨道有效载荷的运载能力，入轨精度达到国际先进水平。

)

● 将第二段与第三段位置互换；

● 将第一段文字设置为红色，加单下划线，互换后的第二段文字设置为黑体、四号、鲜绿色；

● 在文章最后插入当前试题目录下的图片“云.jpg”；

● 纸型设置为 A4（21×29.7 厘米），上、下、左、右页边距均为 2 厘米；

● 保存文档。

操作步骤：打开素材文件

● 选择第二段文字，点击工具栏剪切按钮“✂”，光标定位于第三段文字后，回车另起一段，点击工具栏粘贴按钮“”。

● 选择第一段文字，点击工具栏的字体颜色按钮“A”的小三角，选择弹出色板的第三行第一列标注为“红色”的色块，点击工具栏添加下划线按钮“U”；选择互换后的第二段文字，在工具栏的字体一栏选择“黑体”，在工具栏的字号一栏中选择“四号”，点击工具栏的字体颜色按钮“A”的小三角，选择弹出色板的第四行第四列标注为“鲜绿”的色块。

● 光标定位于文章最后，点击“插入”下拉菜单，选择“图片”→“来自文件”，在弹出的对话框“查找范围”一栏选择要插入图片的路径，选择插入图片，点击“插入”。

● 点击“文件”下拉菜单，选择“页面设置”命令，在弹出的对话框中选择“纸张”选项卡，在“纸张大小”一栏选择“A4（21×29.7 厘米）”；切换到“页边距”选项卡，“方向”选择“横向”，上、下、左、右页边距均输入“2 厘米”，点击“确定”。

● 点击“文件”下拉菜单，选择“保存”命令。

22. 打开当前试题目录下的素材文件，并完成下面操作

素材：（

管辖法律和司法管辖区

这些“使用条件”将按照以下的法律的管辖和解释：

(a) 加利福尼亚州，如果包含联机服务功能的 Adobe 软件许可（简称“软件”）是阁下在美国、加拿大或者墨西哥时购买的；

(b) 日本，如果软件许可是阁下在日本、中国、韩国或者其他东南亚国家，其官方语言是表意字（汉字、日文或朝鲜文）和/或其他类似的表意字结构文字；

(c) 爱尔兰，如果软件许可是阁下在任何上述司法管辖区以外的地区购买的。当适用加利福尼亚法律时，管辖法院为 Santa Clara 郡法院；当适用日本法律时，管辖法院为日本东京地区法院；当适用爱尔兰法律时，管辖法院为爱尔兰的法院。

对于与这些使用条件有关的全部争端，每个法院都有非排除性的司法管辖权。这些使用条件不受任何司法辖区相互冲突的法律以及联合国有关国际货物销售合同的约定管辖，其适用性已经明确排除。

）

● 将标题文字设置阴影效果；

● 删除正文第二段第一句话：“这些‘使用条件’将按照以下的法律的管辖和解释：”；

● 在“加利福尼亚州”前插入❖（字符：wingdings，118）；

● 将正文第一段设置为首字下沉 2 行；

● 将正文最后五行转换为五行二列的表格，表格自动套用格式设置为简明型 2；

● 在正文第二段段首插入当前试题目录下文件名为“2.jpg”的图片，环绕方式为“紧密型”，环绕文字为“只在左侧”；

● 保存文档。

操作步骤：打开素材文件

● 选择标题文字“管辖法律和司法管辖区”，点击“格式”下拉菜单，选择“字体”，在弹出的对话框中选择“字体”选项卡，在“效果”区域勾选“阴影”，点击“确定”。

● 选择“这些‘使用条件’将按照以下的法律的管辖和解释：”点击“Delete”键。

● 光标定位于“加利福尼亚州”前，点击“插入”下拉菜单，选择“符号”，在弹出的对话框中底部“字符代码”一栏输入数字“118”，点击“插入”。

● 光标定位于正文第一段，点击“格式”下拉菜单，选择“首字下沉”命令，在弹出的对话框中选择第二项“下沉”，并选择“下沉行数”为 2 行，点击“确定”。

● 选择正文最后五行，点击“表格”→“转换”→“文本转换为表格”，在出现的对话框中，列和行分别默认为 2 和 5，点击确定进行转换。光标定位于转换后的表格中，选择“表格”→“表格自动套用格式”，在“表格样式”列表中选择“简明型 2”，点击“确定”。

● 光标定位于正文第二段段首，点击“插入”下拉菜单，选择“图片”→“来自文件”，在弹出的对话框“查找范围”一栏选择要插入的图片的路径，选择插入图片 2.jpg，点击“插入”；选择插入的图片，点击右键，选择弹出快捷菜单中的“设置图片格式”，在打开的对话框中选择“版式”选项卡，选择“环绕方式”为“紧密型”，选择“环绕文字”为“只在左侧”。

● 点击“文件”下拉菜单，选择“保存”命令。

23. 打开当前试题目录下的素材文件，并完成下面操作

素材：(

Windows 采用了窗口式图形化人机对话界面，利用窗口、菜单、图标、按钮和对话框等图形界面加上鼠标器输入操作，完成人机之间的信息交流。

)

素材：1.doc 文件

(

1996 年，Intel 公司推出了一种多媒体扩展技术（MultiMedia eXtension，MMX），使 CPU 具备了更加强大的语音和图像处理能力。

)

● 将文档的中文设置为楷体 _ GB2312、四号、加粗，数字和字母改为 Arial；

● 在第一个逗号后插入当前试题目录下的“abc.wmf”图片，再在文章末尾最后插入当前试题目录下的“1.doc”文件；

● 保存文档；

● 将文档一另存为“2. doc”文件，另存在当前试题目录下。

操作步骤：打开素材文件

● 选择文档所有内容，点击“格式”下拉菜单，选择“文字”命令，在打开的对话框中“中文字体”一栏选择“楷体 _ GB2312”，在“西文字体”一栏选择“Arial”，在“字型”一栏选择“加粗”，“字号”一栏选择“四号”，点击“确定”。

● 光标定位于“人机对话界面，”之后，点击“插入”菜单，选择“图片”→“来自文件”，在弹出的对话框“查找范围”一栏选择要插入的图片的路径，选择插入图片abc. jpg，点击“插入”；光标定位于文章末尾，点击点击“插入”菜单，选择“文件”，在弹出的对话框“查找范围”一栏选择要插入文件的路径，选择插入 1. doc 文件，点击“插入”。

● 点击“文件”下拉菜单，选择“保存”命令。

● 点击“文件”下拉菜单，选择“另存为”命令，在打开的对话框中，“保存位置”选择为当前试题目录，“文件名”一栏输入“2. doc”。

24. 打开当前试题目录下的素材文件，并完成下面操作

素材：(

路途上的人们

在蒙蒙的小雨中，我们一行人终于爬到了烽火台。

雨中的骊山被一层浓雾神秘地笼罩着。从山顶向下望去，矮矮的骊山也别有一番独特的风光。尤其是站在这块有历史文化背景的地方，又格外地感受到了它凄迷的朦胧。

这时淅淅沥沥的小雨突然间下大了。我们匆匆地在烽火台上照相留念，竟没有心情去感受周幽王是如何失天下的场面，或是无暇去想象几千年前古城墙内外金戈铁马的厮杀场面，还有那冷美人淡淡的一笑——美人一笑江山顿失，也可以算做爱美人不爱江山的经典了。

)

● 将正文第三段“这时淅淅沥沥……爱美人不爱江山的经典了。”设置特殊格式为：悬挂缩进 2 字符；

● 设置标题居中；

● 将正文内容设置为楷体 _ GB2312、四号；

● 纸型设置为 A4（21×29. 7 厘米）；

● 保存文档。

操作步骤：打开素材文件

● 选择正文第三段“这时淅淅沥沥……爱美人不爱江山的经典了。”点击“格式”菜单，选择“段落”命令，在打开的对话框中选择“缩进”区域的“特殊格式”一栏为“悬挂缩进”，在其后的“度量值”一栏输入“2 字符”，点击“确定”。

● 选择标题文字“路途上的人们”，点击工具栏居中对齐按钮“”。

● 选择正文内容，点击工具栏字体一栏，选择“楷体 _ GB2312”，点击工具栏字号一栏选择“四号”。如图：楷体_GB2312 小四。

● 点击“文件”下拉菜单，选择“页面设置”，在打开的对话框中选择“纸张”选项卡，在“纸张大小”一栏选择“A4（21×29.7厘米）”，点击“确定”。

● 点击“文件”下拉菜单，选择“保存”命令。

25. 打开当前试题目录下的素材文件，并完成下面操作

素材：（

姓名	数学	语文	英语	总分
王小军	76	88	92	256
张勇	80	94	78	252
李克	81	85	69	235

）

● 将表格外框线设置为1.5磅单实线，内框线设置为1磅单实线；

● 表格中的中文设置为楷体_GB2312、小四号、加粗；

● 表格内容均水平垂直居中；

● 保存文档。

操作步骤：打开素材文件

● 选择整个表格，点击“格式”下拉菜单，选择“边框和底纹”命令，在弹出的对话框选择“边框”选项卡，“线型”一栏默认为单实线，在“宽度”一栏选择“1.5（一又二分之一）磅”，点击右侧“预览”区域的四条外边框，点击“确定”；然后再选择整个表格，点击“格式”下拉菜单，选择“边框和底纹”命令，在弹出的对话框选择“边框”选项卡，“线型”一栏默认为单实线，在“宽度”一栏选择“1磅”，再在右侧“预览”区域点击内框线，点击“确定”；

● 选择整个表格，点击工具栏字体一栏，选择“楷体_GB2312”，点击工具栏字号一栏选择“小四号”。如图：楷体_GB2312 小四，点击工具栏加粗“**B**”按钮。

● 选择整表，单击鼠标右键，在出现的快捷菜单中，光标定位于“单元格对齐方式”命令上，出现对齐方式列表，点击第二行第二列按钮，即为水平垂直对齐；

● 点击“文件”下拉菜单，选择“保存”命令。

26. 打开当前试题目录下的素材文件，并完成下面操作

素材：（

一般条款。这些使用条件以及张贴在Adobe网站上的其他规定、指南、许可和免责声明构成了Adobe与阁下就阁下使用联机服务功能以及服务和材料事宜的全部协议，它取代了先前与此有关的一切声明、讨论、承诺、通信或者广告。如果有关司法辖区的法院因故发现这些使用条件的任何条款或者某一部分无效，则将尽最大可能地执行该条款以反映双方在该条款上的意图，而这些使用条件的其他部分依然将完全履行。如果Adobe因故无法执行这些使用条件的任何条款或者相关的权利，则并不构成放弃该项权利或者该条款。这些使用条件中的小标题仅为方便之用，并不具备任何法律或者合同作用。这些使用条件中的任何条款均无意，也不得被解释为修改或者修正阁下与Adobe、其联营单位、被许可人或者供应商就联机服务功能以及服务和材料以外的任何事宜达成的协议、安排或者理解，包括但不限于管辖软件使用的《最终用户许可协议》。这些使用条件不得损害任何一方作为消费者的法定权利。例如，对于新西兰的消费者来说，如果将联机服务功能用作个人、家庭或者平常目的（非商业目的），则这些使用条件可能须遵守《消费者担保法》之规定。）

● 为当前文档添加文字水印。水印文字为“样本”（不包括双引号）其他选项保持缺省值；

● 将当前文档的页面设置为“32 开”纸型，方向设置为横向；

● 保存文档。

操作步骤：打开素材文件

● 点击“格式”下拉菜单，选择“背景”→“水印”，在打开的对话框中勾选“文字水印”，并在“文字”一栏中选择“样本”，点击“确定”。

● 点击“文件”下拉菜单，选择“页面设置”，在打开的对话框中选择“纸张”选项卡，在“纸张大小”一栏选择“32 开”；切换到“页边距”对话框，在“方向”区域选择“横向”，点击“确定”。

● 点击“文件”下拉菜单，选择“保存”命令。

27. 打开当前试题目录下的素材文件，并完成下面操作

素材：（

授权 Adobe、其联营单位以及下属被许可人复制、显示、传输和分发阁下上传的包含有影像、照片、软件或其他材料的文件，其目的仅为经营联机服务功能之用。

保证，(a) 阁下是此类文件的版权所有者，或者此类文件的版权所有者已经授权阁下使用此类文件以及文件中包含的任何内容和/或影像；(b) 阁下拥有进行许可和子许可所必需的权利；(c) 此类文件所描述的每个人已经同意此类文件的使用符合阁下和被许可人的使用方式。

姓名	语文	数学	合计
张山	87	99	
李文	95	87	
王玲	60	56	
肖海	77	89	

）

● 将第一段字符间距设置为加宽 2 磅，位置提升 2 磅，悬挂缩进 2 个字符；

● 在第一段和第二段之间插入“空心弧”自选图形（图形在画布之外插入），填充颜色为“粉红”；

● 将文档页边距设置为上、下、左、右边距均为 2.2 厘米；

● 利用公式计算出合计，并按语文成绩降序排列；

● 设置整个表格的行高为 1 厘米，列宽为 2 厘米，单元格对齐方式为中部居中；

● 保存文档。

操作步骤：打开素材文件

● 选择第一段文字，点击右键，在弹出的快捷菜单中选择“字体”，在打开的对话框中选择“字符间距”选项卡，在“间距”一栏选择“加宽”，在“磅值”一栏输入“2磅”；在“位置”一栏选择“提升”，在“磅值”一栏输入“2磅”；点击右键，在弹出的快捷菜单中选择“段落”，在“缩进”区域的“特殊格式”一栏选择“悬挂缩进”，在“度量值”一栏输入“2个字符”。

● 光标定位于第一段末，点击“插入”下拉菜单，选择“图片”→“自选图形”，在打开的自选图形工具栏点击“基本形状”图标，在弹出的列表中选择第五行第四列标注文字为“空心弧”的图标，在出现的画布区域之外点击，则插入一个空心弧，调整其位置到第一段和第二段之间；选择空心弧，点击右键，在弹出的菜单中选择“设置自选图形格式”，在打开的对话框中“颜色与线条”选项卡中“填充”区域“颜色”一栏点击选择弹出色板的第四行第一列标注文字为“粉红”的色块，点击“确定”。

● 点击“文件”下拉菜单，选择“页面设置”，在打开的对话框中选择“页边距”选项卡，在上、下、左、右四栏中均输入“2.2厘米”，点击“确定”。

● 光标定位于第二行第四列单元格，点击“表格”下拉菜单，选择“公式”命令，在弹出的对话框中的“公式”一栏输入“＝SUM(LEFT)”，点击“确定”，其余三行数据求和方式相同；选择整表，点击“表格”下拉菜单，选择“排序”命令，在弹出的“排序”对话框中“首要关键字”一栏选择“语文”，勾选“降序”，点击“确定”。

● 点击“表格”下拉菜单，选择“表格属性”，在弹出的对话框中“行”选项卡中，勾选“指定高度”，并在其后输入“1厘米”，另选“列”选项卡，勾选“指定宽度”，在其后输入“2厘米”，在表格全选状态下，单击右键，在弹出的快捷菜单中选择“单元格对齐方式”，弹出的下一级菜单中选择如图所示按钮：，即可实现单元格中部居中对齐。

● 点击“文件”下拉菜单，选择“保存”命令。

五、本章练习

1. 打开当前试题目录下的素材文件，并完成下面操作

● 将文档中的“磁道”和“扇区”均另起一行设置为标题，并设置标题为黑体三号、加粗、居中，删除冒号；

● 将正文文字设置为楷体_gb2312、小四号；

● 保存文档。

2. 打开当前试题目录下的素材文件，并完成下面操作

● 将标题设置为金色、加粗；

● 将标题设置为居中；

● 将全文的段落行间距设置为1.5倍行距；

● 纸型设置为A4（21×29.7厘米）；

● 保存文档。

3. 打开当前试题目录下的素材文件，并完成下面操作

● 在表格中的最后一列左侧插入一列，并以表中原有内容的字体、字号和格式添加下列内容：美术、69、95、83，并将总分一列中的数值做相应的调整；

● 添加完成后将表格外框改为1.5磅单实线，内框线改为1磅单实线；

● 保存文档。

4. 利用模板中的现代型传真模板创建一个新文件，文件名为“典雅型报告.doc”，保存在当前试题目录下

● 将“典雅型报告.doc”另存为当前试题目录下的“传真文件.doc”，并设置该文件打开权限密码为“123”；

● 保存文档。

5. 打开当前试题目录下的“wdt149.doc”文件，并完成下面操作

● 将标题设置为居中，空心字；

● 删除正文第二段；

● 在“初中学龄人口高峰问题已引起……”前插入“★”符号（字符：wingdings，171）；

● 将正文第一段设置为首字下沉4行；

● 将正文最后五行转换为五行五列的表格，表格自动套用格式设置为专业型；

● 在正文第二段段尾插入当前试题目录下名为“pku_WORD1.jpg”的图片，环绕方式为“四周型”，环绕文字为“只在右侧”；

● 保存文档。

六、本章练习解题步骤

第1题操作提示

● 打开素材文件后，将光标定位于“磁道:”后，点击退格键，删除冒号，回车另起一行，选定“磁道”，在工具栏的字号一栏中选择“三号”，点击工具栏“**B**”按钮，然后点击工具栏居中对齐按钮“≡≡≡”。同理，将光标定位于“扇区:”后，点击退格键，删除冒号，回车另起一行，选定“磁道”，在工具栏的字号一栏中选择“三号”，点击工具栏“**B**”按钮，然后点击工具栏居中对齐按钮“≡≡≡”。

● 选择正文，在工具栏字体一栏选择“楷体_gb2312”，在工具栏字号一栏选择“小四”。

● 点击“开始”菜单，选择“保存”命令。

第2题操作提示

● 打开素材文件，选择标题，点击工具栏字体颜色按钮**A**旁边的下拉菜单，在弹出的色板中选择第四行第二列标注为金色的色块，点击工具栏“**B**”按钮。

● 选择标题，点击工具栏居中对齐按钮“≡≡≡”。

● 选择所有段落，单击右键，在弹出的快捷菜单中选择“段落”，选择弹出的对话框的“缩进和间距”选项卡，在“间距”区域，设置“行距”一栏为“1.5倍行距”，点击“确定”。

● 点击“文件”下拉菜单，选择“页面设置”，在打开的对话框中选择“纸张”选项卡，在“纸张大小”一栏选择“A4（21×29.7厘米）”，点击“确定”。

● 点击“文件”下拉菜单，选择“保存”命令。

第3题操作提示

● 光标定位于最后一列，点击“表格”→“插入”→“列（在左侧）”，将题目要求内容添加到相应单元格中，使用工具栏格式刷，复制原有表中数据格式，选中新内容即可按照原有数据格式设置。

● 选择整个表格，点击“格式”下拉菜单，选择“边框和底纹”命令，在弹出的对话框选择“边框”选项卡，“线型”一栏默认为单实线，在“宽度”一栏选择“1.5磅（一又二分之一磅）”，点击右侧“预览”区域的四条外边框；然后在“宽度”一栏选择“1磅”，再在右侧“预览”区域点击内框线，点击“确定”。

● 点击“文件”下拉菜单，选择“保存”命令。

第4题操作提示

● 运行Word，点击“文件”下拉菜单，选择“新建”，在界面右侧出现“新建文档”区域，点击“模板”区域中的“本机上的模板…”，则弹出“模板”对话框，选择“信函和传真”选项卡，点击“现代型传真”图标，点击“确定”，则按照所选模板格式创建了一个新文档，点击“文件”下拉菜单，选择“保存”，在打开的对话框的“保存位置”选择当前试题目录，“文件名”一栏输入“典雅型报告.doc”，点击“确定”。

● 点击“文件”下拉菜单，选择“另存为”，在打开的对话框的“保存位置”选择当前试题目录，“文件名”一栏输入“传真文件.doc”，点击“确定”。点击“工具”下拉菜单，选择“选项”命令，在打开的对话框中选择“安全性”选项卡，在“打开文件时的密码”一栏输入“123”，点击“确定”。

● 点击“文件”下拉菜单，选择“保存”命令。

第5题操作提示

● 选择标题，点击工具栏居中对齐按钮“ ”。点击“格式”下拉菜单，选择“字体”，在弹出的对话框中选择“字体”选项卡，在“效果”区域勾选“空心”，点击“确定”。

● 选中正文第二段，点击“Delete”键。

● 光标定位于“初中学龄人口高峰问题已引起……”前，点击“插入”→“符号”，在“字体”区域选择“wingdings”，在“字符代码”一栏输入“171”，点击“插入”即可插入符号“★”。

● 光标定位于正文第一段，点击“格式”下拉菜单，选择“首字下沉”命令，在弹出的对话框中选择第二项“下沉”，并选择“下沉行数”为2行，点击“确定”。

● 选择正文最后五行，点击“表格”→“转换”→“文本转换为表格”，在出现的对话框中，列和行分别为5和5，点击“确定”进行转换。光标定位于转换后的表格中，选择“表格”→“表格自动套用格式”，在“表格样式”列表中选择“专业型”，点击“确定”。

● 光标定位于正文第二段段尾，点击“插入”下拉菜单，选择“图片”→“来自文件”，在弹出的对话框“查找范围”一栏选择要插入的图片的路径，选择插入图片 pku_WORD1.jpg，点击“插入”；选择插入的图片，点击右键，选择弹出快捷菜单中的“设置图片格式”，在打开的对话框中选择“版式”选项卡，选择“环绕方式”为“四周型”，选择“环绕文字”为“只在右侧”，点击“确定”。

● 点击“文件”下拉菜单，选择“保存”命令。

第四章 ▶▶▶

Excel 重点讲解和例题解析

一、考核目标

- Excel 2003 的启动与退出。
- 表格数据的输入。
- 表格的简单编辑和修饰方法。
- 自动填充功能。
- 表格数据的计算（求和、计数、平均值、最大值、最小值）。
- 单元格格式的设置。
- 插入图表的方法。
- 自动筛选和条件筛选。
- 数据排序。

二、学习建议

抓住考核重点，练习《计算机应用基础，Excel 2003 电子表格系统》配套教材光盘中的习题，对照真题，查漏补缺，巩固学习效果。

三、考核重点讲解

1. 打开文件和保存文件

打开 Excel 文档的方法：

“开始”菜单→“所有程序”→“Microsoft Office”→“Microsoft Office Excel”，运行 Excel 程序后，点击“文件”下拉菜单，点击“打开”命令，在打开的对话框中，选择要打开的文档，打开即可。

按照文档路径找到文档所在位置，双击文档，可以在运行 Excel 程序的同时打开 Excel 文档。

原盘存储方法：意思是把编辑文档修改的内容保存在原文本文件路径，并以原文件名命名。操作方法：点击“文件”下拉菜单的“保存”命令即可。

文档另存为方法：意思是指把当前文档以别的文件名存储，当成一个备份。操作方法：点击“文件”下拉菜单的“保存”命令即可。

2. 数据复制

（1）单元格的复制：

选择被复制数据所在单元格，点击“编辑”下拉菜单中的“复制”按钮，则被复制数据所在单元格边框变为动态虚线框，选择目标单元格，点击“编辑”下拉菜单中的“粘贴”命令，则将被复制数据复制到目标单元格中。

（2）行和列的复制：

选中需要复制的行或列的行标号或列标号，点击“编辑”下拉菜单中的“复制”按钮，则被复制的行或列边框变为动态虚线框，选择复制的目标行或列的行标号或列标号，点击“编辑”下拉菜单中的“粘贴”命令，则将被复制的行或列的数据复制到目标行或列中。目标行或列的数据则被新数据覆盖。

3. 单元格设置各项内容（重点：数据格式，合并）

选择“格式”下拉菜单中的“单元格”命令，则弹出“单元格格式”对话框，其中包含六个选项卡，分别为：

数字选项卡：用来设置各类数值格式，考核重点包括为数值型、文本型、货币型、百分数等数值格式设置；

对齐选项卡：用来设置单元格对齐方式等，考核重点为单元格合并；

字体选项卡：可用于设置字体、型号等；

边框选项卡：可以设置单元格边框样式和效果；

图案选项卡：用来设置单元格背景效果；

保护选项卡：可以对工作表进行安全设置。

4. 工作表操作（增加、排序、更名、隐藏、颜色、显示比例设置）

选择工作表：单击工作表标签可以选择单个工作表；单击工作表标签，再次按下“Ctrl”键的同时单击其他工作表标签，可以选择多个工作表；单击起始工作表标签，再次按下“Shift”键的同时单击最后一个需要选择的工作表，则两个工作表之间的所有工作表被选中。

增加工作表：点击“插入”下拉菜单，选择“工作表”命令，可以插入一个新工作表。或者选择任意工作表，点击右键，选择弹出菜单中的“插入”命令，则可以插入一个新的工作表。

工作表更名：双击工作表标签，则工作表标签处于编辑状态，输入更新的名字，回车即可更名。

隐藏工作表：选择需要隐藏的工作表标签，在“格式”下拉菜单中选择“工作表”命令，单击“隐藏”命令，即可隐藏工作表。

为工作表标签着色：单击选择被着色的工作表标签，单击鼠标右键，在弹出菜单中选择“工作表标签颜色”命令，在弹出的色板中选择颜色为工作表标签着色。

调整工作表显示比例：单击选择工作表标签，点击“视图”下拉菜单，选择“显示比例”，在弹出的对话框中设置显示比例即可。

5. 自动填充功能

文本数据填充：文本数据字符中无数字字符，自动填充内容按照种子数据进行依次复制。

数值数据填充：如果只有一个种子单元格数据，则复制填充其他单元格；如果有两个以上种子单元格数据，自动计算其趋势，按照默认步长进行填充。包括等差填充、等比填充等。

另外特殊数据也可以按照系统预先规定填充，例如星期、月份等，操作方法均为：点击种子数据区域，鼠标定位于填充控制点，拖动鼠标覆盖要填充的区域即可自动填充。例如：创建连续的日期序列。在单元格中键入“星期一”或“11-6-23”，鼠标移动到该单元格的填充柄，点击填充柄，拖动鼠标选定区域，则在选定区域自动填充连续的日期。

6. 插入图表（簇状柱形图、点折线）

创建图标的方法：选择“插入”下拉菜单的“图表”命令，即可打开创建图表向导，按照向导提示完成操作。

图表向导第一步为“设置图表类型”，可以在“标准类型”中选择簇状柱形图、点折线、饼图等。第二步为“设置图表源数据”，一般插入图表前先选择数据源区域，则此时在数据区域栏中显示所选区域的绝对引用公式，如果为选择或需要修改表格数据，则可重新设置数据区域。点击“下一步”进入向导第三步——“设置图表选项”，可设置“图表标题”、“坐标轴”等选项，第四步为“设置图表位置”，其中“作为其中的对象插入”会将新建图表插入到已有工作表中，“作为新工作表插入”表示会建立一个新的工作表，并将新建图表插入该工作表中。

注意：不连续表格数据区域的选取，利用“ctrl”键。历次考核涉及簇状柱形图、点折线以及饼图这几种类型，数据区域包括连续数据区域和不连续数据区域。

7. 自动筛选和条件筛选

● 一次只能对工作表中的一个区域应用筛选。

单击要进行筛选的区域中的单元格，在“数据”菜单上，指向“筛选”，再单击“自动筛选”。

● 对最小或最大数进行筛选。

单击包含数字的列中的箭头，再单击“前 10 个”，在左边的框中，单击“最大”或“最小”，在中间的框中，输入数字，在右边的框中，单击“项”。

● 对大于或小于另一个数字的数字进行筛选。

单击包含数字的列中的箭头，再单击“自定义”，在左边的框中，单击“大于”、“小于”、“大于或等于”或“小于或等于”，在右边的框中，输入数字。若要添加另一个条件，请单击“与”或“或”，并重复前一个步骤。

● 对等于或不等于另一个数字的数字进行筛选。

单击包含数字的列中的箭头，再单击“自定义”。在左边的框中，单击“等于”或

"不等于"，在右边的框中，输入数字。若要添加另一个条件，请单击"与"或"或"，并重复前一个步骤。

8. 函数和算术计算

主要考核求和、求平均值、最大值、最小值、计数等函数。

求和：SUM函数的功能是求某一区域中所有数字之和。光标定位于求和所在单元格，点击工具栏的求和按钮"Σ"，则在该单元格出现求和函数算式，修改求和区域，按回车键。

求平均值：AVERAGE函数的功能是求算术平均值。光标定位于平均值所在单元格，点击工具栏的求和按钮旁边的小三角"Σ ▾"，在弹出的列表中选择"平均值"，则在该单元格出现求平均值公式，修改求和区域，按回车。

最大值：MAX函数的功能是求一组数据中的最大值。点击选择最大值要出现的单元格，点击工具栏的求和按钮旁边的小三角"Σ ▾"，在弹出的列表中选择"最大值"，修改求和区域，按回车。

最小值：MIN函数的功能是求一组数据中的最小值。点击选择最小值要出现的单元格，点击工具栏的求和按钮旁边的小三角"Σ ▾"，在弹出的列表中选择"最小值"，修改求和区域，按回车。

计数：COUNT函数的功能是统计包含数字以及包含参数列表中的数字的单元格的个数。点击选择计数结果所在单元格，点击"插入"下拉菜单，选择"函数"命令，在弹出的对话框的"选择类别"中选择"常用函数"，"选择函数"一栏选择"COUNT"，点击"确定"，在出现的"函数参数"对话框中的"Value1"一栏中输入计数区域，则计数函数在相应单元格得出计数结果。

算术运算公式：选择要输入公式的单元格，直接输入"＝"后，按题目要求输入公式内容，公式为加减乘除等运算。

9. 排序、多重排序

排序关键字是指排序所依据的数据字段，也称为排序的键值。有主要关键字、次要关键字和第三关键字。排序方式分为升序（将数据从小到大排序）和降序（将数据从大到小排序）。

选定需要排序的数据区域，点击"数据"下拉菜单，选择"排序"命令，在打开的"排序"对话框中，"主要关键字"选择排序依据内容，选择排序方式为升序或降序，点击"确定"。

除了以上"主要关键字"作为排序依据，在"次要关键字"和"第三关键字"选择其他排序依据内容，选择排序方式为升序或降序，点击"确定"，可实现多重排序。

四、例题分析

1. 打开当前试题目录下的素材文件，在Sheet1工作表中完成以下操作

素材：（

	A	B	C	D	E	F	G	H	I
1	考号	姓名	语文	数学	物理	化学	英语	体育	总分
2	3010001	张英	87	60	40	39	59	22	
3	3010002	闫文佳	84	45	16	19	61	28	
4	3010003	徐永鹏	100	37	18	14	72	18	
5	3010004	王宁宁	73	63	48	27	68	30	
6	3010006	王凤	64	20	13	15	31	29	
7	3010008	谭琦	92	28	24	18	50	28	
8	3010009	石庆庆	89	47	54	31	75	24	
9	3010010	刘晓	55	15	16	9	18	29	
10	3010011	李真	72	42	40	25	23	27	
11	3010012	郎绪波	89	74	53	36	90	29	
12	3010013	韩刚	90	36	20	20	61	25	
13	3010014	耿伟	65	13	18	13	33	24	
14	3010015	房笛	62	52	29	28	45	30	
15	3010016	段兴华	77	43	19	12	29	27	
16	3010017	段磊	93	61	36	23	40	26	
17	3010018	崔雪	57	6	6	10	38	26	
18	3010019	程鹏	75	50	38	26	42	28	
19	3010020	陈楠	79	29	15	13	56	30	
20	平均值								

)

- 计算各学生的总分；
- 计算每门课程的平均分数和总分的平均分数（保留 2 位小数）；
- 按姓名的升序排列数据；
- 保存文件。

操作步骤：打开素材文件

● 光标定位于 I2 单元格，点击工具栏的求和按钮“Σ”，则默认对 C2:H2 区域进行求和，按回车，在 I2 单元格求出第一条记录的总分，移动鼠标到 I2 单元格右下角的填充柄处，光标由空心十字形变成实心十字形时，点击鼠标，并拖动鼠标，选中 I3:I19 区域，则第 3 行至第 19 行的学生成绩之和在相应单元格自动填充。

● 光标定位于 C20 单元格，点击工具栏的求和按钮旁边的小三角“Σ ▾”，在弹出的列表中选择“平均值”，则默认对 C2:C19 区域求平均值，显示公式为“=AVERAGE(C2:C19)”，按回车，则在 C20 单元格求出语文成绩的平均值，移动鼠标到 C20 单元格右下角的填充柄处，光标由空心十字形变成实心十字形时，点击鼠标，并拖动鼠标，选择区域包括 C20:I20，则所有科目成绩平均值以及总分平均值在相应单元格自动填充；选择 C20:I20，点击鼠标右键，在弹出的菜单选择“设置单元格格式”，在出现的对话框中“数字”选项卡的“分类”一栏选择“数值”，在右侧区域“小数位数”一栏输入“2”，点击“确定”，则选中区域数值均保留 2 位小数。

● 选定需要排序的数据 A2:I19，点击“数据”下拉菜单，选择“排序”命令，在打开的“排序”对话框中，“主要关键字”选择“姓名”，选择排序方式为“升序”，点击“确定”。

● 点击“文件”下拉菜单，选择“保存”命令。

操作完成后，如图所示：

	A	B	C	D	E	F	G	H	I
1	考号	姓名	语文	数学	物理	化学	英语	体育	总分
2	3010020	陈楠	79	29	15	13	56	30	222
3	3010019	程鹏	75	50	38	26	42	28	259
4	3010018	崔雪	57	6	6	10	38	26	143
5	3010017	段磊	93	61	36	23	40	26	279
6	3010016	段兴华	77	43	19	12	29	27	207
7	3010015	房笛	62	52	29	28	45	30	246
8	3010014	耿伟	65	13	18	13	33	24	166
9	3010013	韩刚	90	36	20	20	61	25	252
10	3010012	郎绪波	89	74	53	36	90	29	371
11	3010011	李真	72	42	40	25	23	27	229
12	3010010	刘晓	55	15	16	9	18	29	142
13	3010009	石庆庆	89	47	54	31	75	24	320
14	3010008	谭琦	92	28	24	18	50	28	240
15	3010006	王凤	64	20	13	15	31	29	172
16	3010004	王宁宁	73	63	48	27	68	30	309
17	3010003	徐永鹏	100	37	18	14	72	18	259
18	3010002	闫文佳	84	45	16	19	61	28	253
19	3010001	张英	87	60	40	39	59	22	307
20	平均值		77.94	40.06	27.94	21.00	49.50	26.67	243.11

2. 打开当前试题目录下的素材文件，在 Sheet1 工作表中完成以下操作

素材：（

	A	B	C	D	E	F
1	编号	名称	一季度	二季度	三季度	四季度
2	001	电视	8673.5	4729.56	5192	4469.2
3	002	电冰箱	2489.6	2714	3468.1	3465.8
4	003	洗衣机	4365	4697	5187.4	2613.9
5	004	热水器	2287.3	3703.7	2592	2398.7
6	005	空调	935.6	9813.9	12830.5	14650
7	销售总计					

）

- 将各季度销售额取整数，使用千位分隔符，居中显示；
- 利用公式计算每季度商品的销售总额；
- 保存文件。

操作步骤：打开素材文件

● 选择 C2:F6 区域，单击鼠标右键，在弹出的菜单中选择“设置单元格格式”，在出现的对话框中“数字”选项卡中“分类”一栏选择“数值”，在右侧的“小数位数”一栏输入“0”，并勾选“使用千位分隔符”，点击“确定”。

● 鼠标定位于 C7 单元格，点击工具栏的求和按钮“Σ”，则默认对 C2:C6 区域进行求和，显示公式为“=SUM(C2:C6)”，按回车，在 C7 单元格求出第一季度的销售总额，移动鼠标到 C7 单元格右下角的填充柄处，光标由空心十字形变成实心十字形时，点击鼠标，并拖动鼠标，选中 C7: F7 区域，则其余几个季度的销售总额在相应单元格自动填充。

● 点击“文件”下拉菜单，选择“保存”命令。

操作完成后，如图所示：

	A	B	C	D	E	F
1	编号	名称	一季度	二季度	三季度	四季度
2	001	电视	8,674	4,730	5,192	4,469
3	002	电冰箱	2,490	2,714	3,468	3,466
4	003	洗衣机	4,365	4,697	5,187	2,614
5	004	热水器	2,287	3,704	2,592	2,399
6	005	空调	936	9,814	12,831	14,650
7	销售总计		18,751	25,658	29,270	27,598

3. 打开当前试题目录下的素材，在 Sheet1 工作表中完成以下操作

素材：(

	A	B	C	D	E	F	G	H	I
1	考号	姓名	语文	数学	物理	化学	英语	体育	平均分
2	3010011	韩启	72	42	40	25	23	27	
3	3010012	刘晓	89	74	53	36	90	29	
4	3010013	房笛	90	36	20	20	61	25	
5	3010014	谭琦	65	13	18	13	33	24	
6	3010015	张锋	62	52	29	28	45	30	
7	3010016	曹忠盛	77	43	19	12	29	27	
8	3010017	王元柱	93	61	36	23	40	26	
9	3010018	徐艳丽	57	6	6	10	38	26	
10	3010019	王德君	75	50	38	26	42	28	
11	3010020	李继孝	79	29	15	13	56	30	
12	3010021	时敬霞	53	11	15	14	31	27	
13	3010022	李培培	81	65	41	25	53	28	
14	3010023	周涛	69	45	26	29	37	24	
15	3010024	孙宪宝	90	50	28	16	28	25	

)

- 计算各学生的平均分（结果保留一位小数）；
- 按语文成绩的升序排列；
- 按排序后的结果将姓名和学生的平均分用簇状柱形图表示出来，图表存放到 Sheet2 中，图样如样张所示；
- 保存文件。

样张：

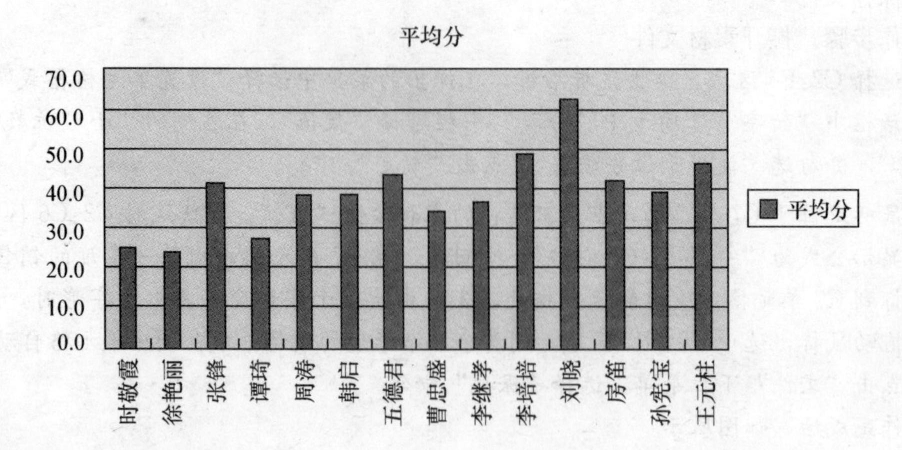

操作步骤：打开素材文件

- 光标定位于I2单元格，点击工具栏的求和按钮旁边的小三角“Σ ▾”，在弹出的列表中选择“平均值”，则默认对C2：H2区域求平均值，显示公式为“＝AVERAGE(C2：H2)”，按回车，则在I2单元格求第一个学生成绩的平均分，移动鼠标到I2单元格右下角的填充柄处，光标由空心十字形变成实心十字形时，点击鼠标，并拖动鼠标，选择区域包括I2：I15，则所有学生成绩的平均分以在相应单元格自动填充；选择I2：I15，点击鼠标右键，在弹出的菜单选择“设置单元格格式”，在出现的对话框中“数字”选项卡的“分类”一栏选择“数值”，在右侧区域“小数位数”一栏输入“1”，点击“确定”，则选中区域数值均保留1位小数。
- 选定需要排序的数据A2：I15，点击“数据”下拉菜单，选择“排序”命令，在打开的“排序”对话框中，“主要关键字”选择“语文”，选择排序方式为“升序”，点击“确定”。
- 选择B2：B15区域，按Ctrl的同时，选择I2：I15区域，则同时选择了学生姓名和平均分两个不连续区域，点击“插入”→“图表”，在打开的对话框的“标准类型”选项卡中“图表类型”中选择“柱形图”，在“子图表类型”中选择“簇状柱形图”，按照插入图表向导提示，点击“下一步”直到“图标位置”这一步，选择“作为其中的对象插入”一项，在其后的栏中选择“Sheet2”，点击“完成”（完成的图表与样张一样）。
- 点击“文件”下拉菜单，选择“保存”命令。

操作完成后，如图所示：

	A	B	C	D	E	F	G	H	I
1	考号	姓名	语文	数学	物理	化学	英语	体育	平均分
2	3010021	时敬霞	53	11	15	14	31	27	25.2
3	3010018	徐艳丽	57	6	6	10	38	26	23.8
4	3010015	张锋	62	52	29	28	45	30	41.0
5	3010014	谭琦	65	13	18	13	33	24	27.7
6	3010023	周涛	69	45	26	29	37	24	38.3
7	3010011	韩启	72	42	40	25	23	27	38.2
8	3010019	王德君	75	50	38	26	42	28	43.2
9	3010016	曹忠盛	77	43	19	12	29	27	34.5
10	3010020	李继孝	79	29	15	13	56	30	37.0
11	3010022	李培培	81	65	41	25	53	28	48.8
12	3010012	刘晓	89	74	53	36	90	29	61.8
13	3010013	房笛	90	36	20	20	61	25	42.0
14	3010024	孙宪宝	90	50	28	16	28	25	39.5
15	3010017	王元柱	93	61	36	23	40	26	46.5

4. 打开当前试题目录下文件素材完成如下操作

素材：（

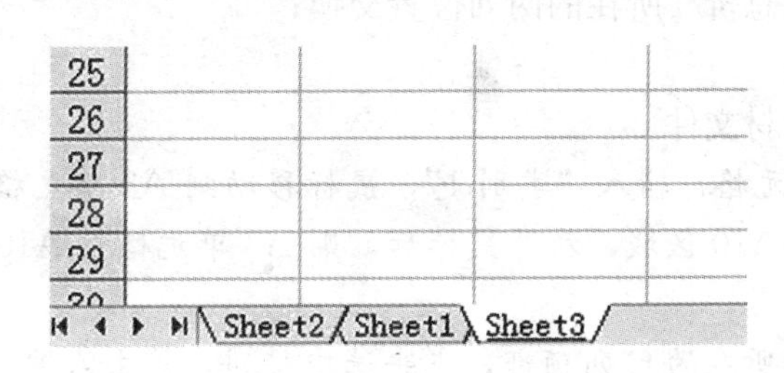

）

● 为工作簿增加 Sheet4 和 Sheet5 两个工作表；

● 将五个工作表按 Sheet1、Sheet2、Sheet3、Sheet4、Sheet5 的顺序排列；

● 保存文件。

操作步骤：打开素材文件

● 点击 Sheet3 工作表，单击鼠标右键，选择“插入”，在弹出的“插入”对话框中选择“工作表”，点击“确定”，则在 Sheet3 工作表前插入工作表，自动命名为 Sheet4，重复同样操作，在 Sheet4 后插入另一个新工作表 Sheet5；

● 点击 Sheet3 工作表，单击右键，选择“移动或复制工作表”，在“下列选定工作表之前”一栏选择“Sheet4”，点击“确定”，则 Sheet3 工作表移动到 Sheet4 工作表之前；点击 Sheet1 工作表，单击右键，选择“移动或复制工作表”，在“下列选定工作表之前”一栏选择“Sheet2”，点击“确定”，则 Sheet1 工作表移动到 Sheet2 工作表之前，此时，工作表顺序为题目要求排列。

● 点击“文件”下拉菜单，选择“保存”命令。

操作完成后，如下图所示：

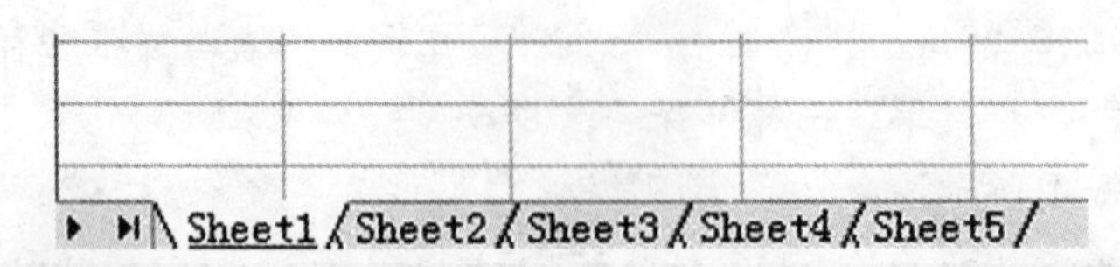

5. 打开当前试题目录下的文件素材，在 Sheet1 工作表中完成以下操作

素材：（

	A	B	C	D	E
1	文化商品价格表				
2	类别	名称	数量	单价	总价
3		小笔记本	60	0.5	30
4		演操本	100	0.8	80
5		英语本	70	0.5	35
6		圆珠笔	150	0.5	75
7		墨水	52	3	156
8		钢笔	36	2	72
9		涂改笔	36	1.5	54
10		签字笔	70	3	210

）

● 用填充柄自动填充“类别”，从“类别 1”开始，按顺序填充；

● 将“数量”和“总价”所在的两列位置交换；

● 保存文件。

操作步骤：打开素材文件

● 鼠标点击 A3 单元格，输入“类别 1”，鼠标移动到 A3 单元格右下角的小方块，点击并拖动鼠标选定 A2:A10 区域，放开鼠标后，则 A3 单元格至 A10 单元格依次自动填充“类别 2”至“类别 8”。

● 鼠标定位于数量所在的 C 列顶部，点击选中整列，单击右键，在弹出的菜单中选择“剪切”，然后，将鼠标定位于“总价”所在的 E 列顶端，单击右键，在出现的菜单中选择

“插入已剪切的单元格”，则“数量”所在的C列内容插入到“总价”所在列之前，为D列；鼠标定位于“总价”所在的E列顶部，点击选中整列，单击右键，在弹出的菜单中选择“剪切”，然后，将鼠标定位于“单价”所在的C列顶端，单击右键，在出现的菜单中选择“插入已剪切的单元格”，则“总价”所在的E列内容插入到“单价”所在的D列之前。

● 点击“文件”下拉菜单，选择“保存”命令。

6. 打开当前试题目录下的素材文件，在sheet1工作表中按如下要求进行操作

素材：（

	A	B	C	D	E	F	G	H
1	学号	姓名	性别	英语	计算机	语文	总分	平均分
2	H9501301	李兰	女	78	87	71		
3	H9501302	吴志远	男	93	86	85		
4	H9501305	王鹏	男	54	52	62		
5	H9501306	李文斌	男	52	73	77		
6	H9501308	王小雪	女	63	75	73		
7	H9501311	刘雪梅	女	84	95	80		
8	H9501340	夏天	男	88	81	79		

）

● 利用函数计算出各学生的总分（保留两位小数）；

● 按英语成绩降序排列所有记录；

● 自动筛选出性别为女的所有记录；

● 保存文件。

操作步骤：打开素材文件

● 光标定位于G2单元格，点击工具栏的求和按钮“Σ”，则默认对D2:F2区域进行求和，显示公式为“＝SUM(D2:F2)”，按回车，在G2单元格求出第一个学生的总分，移动鼠标到G2单元格右下角的填充柄处，光标由空心十字形变成实心十字形时，点击鼠标，并拖动鼠标，选中G2:G8区域，放开鼠标，则所有学生成绩之和在相应单元格自动填充；选择G2:G8区域，单击鼠标右键，在弹出的菜单中选择“设置单元格格式”，在出现的对话框的“数字”选项卡中“分类”一栏选择“数值”，在右侧的“小数位数”一栏输入“2”，点击“确定”。

● 选定需要排序的数据A2:F8，点击“数据”下拉菜单，选择“排序”命令，在打开的“排序”对话框中，“主要关键字”选择“英语”，选择排序方式为“降序”，点击“确定”。

● 点击“性别”所在的单元格C1，点击“数据”下拉菜单，选择“筛选”，在弹出的菜单中点击“自动筛选”，“自动筛选”前出现一个对勾，同时在“性别”列的标题栏“性别”单元格右边出现筛选按钮，点击该按钮，在出现的列表中选择“女”，则只显示“性别”为“女”的所有记录。

● 点击“文件”下拉菜单，选择“保存”命令。

7. 在Excel中完成下面的操作

素材：（

	A	B	C	D
1	销售情况			
2	日期	木材	水泥	铝合金
3	1997-8-11	1980	1940	1950
4	1997-8-20	2580	2540	2550
5	1997-9-17	2980	2950	
6	1997-9-18	4500	4400	4480
7				

)

- 打开当前试题目录下的素材文件；
- 根据工作表中数据，在D5单元格内键入数据“2564”；
- 设置所有数字格式为0.00类型，如“2564.00”；
- 将Sheet1的所有内容复制到Sheet2相应单元格并以“日期”为关键字，递减排序；
- 同名存盘。

操作步骤：

● 运行Excel，点击“文件”下拉菜单，选择“打开”命令，在弹出的“打开”对话框的“查找范围”一栏中按照试题目录提示的文件路径找到素材文件，选择该文件，点击“打开”，则打开素材文件。

● 鼠标点击D5单元格，输入“2569”，按回车键。

● 选择B3:D6区域，单击鼠标右键，在弹出的菜单中选择“设置单元格格式”，在出现的对话框的“数字”选项卡中“分类”一栏选择“数值”，在右侧的“小数位数”一栏输入“2”，点击“确定”。

● 鼠标定位于行标题和列标题相交的区域，即数据区左上角，单击鼠标，则数据区全部被选择，单击鼠标右键，在弹出的菜单中选择“复制”，点击Sheet2工作表，鼠标定位于A1单元格，单击鼠标右键，在弹出的菜单中选择“粘贴”；选择A3:D6区域，点击“数据”下拉菜单，选择“排序”命令，在弹出的对话框“主要关键字”一栏选择“日期”，排序方式选择“降序”（即递减排序），点击“确定”。

● 点击“文件”下拉菜单，选择“保存”命令。

8. 在Excel中完成下面的操作

素材：（

	A	B	C	D	E
1	世界著名半导体公司				
2	排名	公司	年营业额（百万美元）	市场份额	年增长率
3	1	Intel	13828	10%	35%
4	2	NEC	11365	8.50%	41%
5	3	Motorola	9254	6%	29%

)

- 打开当前试题目录下的素材文件；
- 根据工作表中的数据，建立数据点折线图；
- 生成图表的作用数据区是B2:C5，数据系列产生在列，使用公司名称作为图例说明；
- 图表标题为“年营业额”，图例在底部显示；

● 新图标存于原工作表中；

● 同名存盘。

操作步骤： 打开素材文件

● 运行 Excel，点击“文件”下拉菜单，选择“打开”命令，在弹出的“打开”对话框的“查找范围”一栏中按照试题目录提示的文件路径找到素材文件，选择该文件，点击“打开”，则打开素材文件。

● 选择 B2:C5 区域，点击“插入”下拉菜单，选择“图表”，弹出插入图表的向导，在“图表类型”中选择“折线图”，在“子图标类型”中选择“数据点折线图”（第二行第一列），点击“下一步”，选择“数据列产生在列”选项，点击“下一步”，在向导的“标题”一栏输入“年营业额”，点击“图列”选项卡，在“位置”一栏选择“底部”，点击“下一步”，选择“作为其中的对象插入”，点击“完成”。

● 点击“文件”下拉菜单，选择“保存”命令。

9. 打开当前试题目录下的素材文件，在 Sheet1 工作表中按如下要求进行操作

素材：（

	A	B	C	D	E	F
1	姓名	性别	基本奖金	出勤奖	贡献奖	合计
2	刘仁	男	1200	600	300	
3	张敏	女	1300	400	200	
4	王方	男	1150	500	200	
5	李平	男	1200	400	400	
6	古良	女	1200	500	300	

）

● 用算术公式和填充功能计算出每个职工的基本奖金、出勤奖和贡献奖的合计结果；

● 以姓名作为分类轴，以基本奖金和出勤奖作为数值轴，用簇状柱形图表示出来，把它存放到数据表下面；

● 保存文件。

操作步骤： 打开素材文件

● 鼠标点击 F2 单元格，输入算数公式“=C2+D2+E2”，按回车，在 F2 单元格出现第一条记录的基本奖金、出勤奖和贡献奖的合计结果；移动鼠标到 F2 单元格右下角的小方块，拖动鼠标，选中 F2:F6 区域，放开鼠标，则其余记录的合计在相应单元格自动填充。

● 选择 A1:A6 区域，按“Ctrl”键的同时，选择 C1:D6 区域，则同时选择了这两个不连续区域，点击“插入”→“图表”，在打开的对话框的“标准类型”选项卡的“图表类型”中选择“柱形图”，在“子图表类型”中选择“簇状柱形图”，按照插入图表向导提示，一直点击向导的“下一步”，均采取默认值即可。

● 点击“文件”下拉菜单，选择“保存”命令。

10. 在 Excel 中完成下面的操作

素材：（

	A	B	C
1	用户参数		
2			
3			
4			
5	用户名		
6	设备折旧度		
7	更新日期		
8			

)

● 打开当前试题目录下的素材文件；

● 将单元格 B5 格式设置为文本，输入数据“设备 A”；

● 在单元格 B6 中输入数据“0.12”，格式化成百分数（保留两位小数）；

● 在单元格 B7 中输入日期数据“2003-2-6”，单元格数值格式为自定义，“yyyy-mm-dd”；

● 同名存盘。

操作步骤：打开素材文件

● 运行 Excel，点击“文件”下拉菜单，选择“打开”命令，在弹出的“打开”对话框的“查找范围”一栏中按照试题目录提示的文件路径找到素材文件，选择该文件，点击“打开”，则打开素材文件。

● 点击 B5 单元格，单击右键，在弹出的菜单中选择“设置单元格格式”，在弹出的对话框的“分类”一栏中选择“文本”，点击“确定”；点击 B5 单元格，输入“设备 A”，按回车键。

● 点击 B6 单元格，输入“0.12”，按回车键；点击 B6 单元格，单击右键，在弹出的菜单中选择“设置单元格格式”，在弹出对话框中的“分类”一栏选择“百分比”，右侧“小数位数”一栏输入“2”，点击“确定”。则 B6 单元格内容变化为“12.00%”。

● 点击 B7 单元格，输入“2003-2-6”，按回车键；点击 B7 单元格，单击右键，在弹出的菜单中选择“设置单元格格式”，在弹出对话框中的“分类”一栏选择“自定义”，右侧“类型”一栏输入“yyyy-mm-dd”，点击“确定”，则 B7 单元格内容变化为“2003-02-06”

● 点击“文件”下拉菜单，选择“保存”命令。

11. 在 Excel 中完成下面的操作

素材：(

	A	B	C	D	E
1	部分城市降水量				
2	月份	北京	上海	哈尔滨	海口
3	一月	3.7	65	2.1	12.3
4	二月	1.6	68.5	8.5	32.5
5	三月	0.5	121.6	3.4	45.2
6	平均降雨量				

)

● 打开当前试题目录下的素材文件；

● 根据 Sheet1 工作表的表格中的数据，利用求平均值函数计算出四个城市的“平均降雨量”；

● “平均降雨量”数字格式设为“0.00”；

● 同名存盘。

操作步骤：

● 运行Excel，点击“文件”下拉菜单，选择“打开”命令，在弹出的“打开”对话框的“查找范围”一栏中按照试题目录提示的文件路径找到素材文件，选择该文件，点击“打开”，则打开素材文件。

● 光标定位于B6单元格，点击工具栏的求和按钮旁边的小三角“Σ ▾”，在弹出的列表中选择“平均值”，则默认对B3:B5区域求平均值，显示公式为“=AVERAGE(B3:B5)”，按回车，则在B6单元格求出北京的平均降雨量，移动鼠标到B6单元格右下角的填充柄处，光标由空心十字形变成实心十字形时，点击鼠标，并拖动鼠标，选择区域包括B6:E6，则其他城市的平均降雨量在相应单元格自动填充；

● 选择B6:E6，点击鼠标右键，在弹出的菜单中选择“设置单元格格式”，在出现的对话框中“数字”选项卡的“分类”一栏选择“数值”，在右侧区域“小数位数”一栏输入“2”，点击“确定”，则选中区域数值均保留2位小数。

● 点击“文件”下拉菜单，选择“保存”命令。

12. 打开当前试题目录下的素材文件，在Sheet1工作表中完成以下操作

素材：（

	A	B	C	D
1		年度		
2	车间	2005年	2006年	2007年
3	一车间	1340	1000	1400
4	二车间	1560	1100	1500
5	三车间	1420	1200	1600

）

● 设置表格标题“年度”，在B1:D1内合并及居中；

● 设置“车间”在A1:A2内水平和垂直对齐方式均为居中；

● 设置A3:D5中的每个单元格的水平和垂直对齐方式均为居中；

● 保存文件。

操作步骤：打开素材文件

● 选择B1:D1区域，点击鼠标右键，在弹出的菜单选择“设置单元格格式”，在出现的对话框中选择“对齐”选项卡，在“文本对齐方式”中的“水平对齐”和“垂直对齐”两栏中均选择“居中”对齐方式，点击“确定”。

● 点击“车间”所在单元格，点击鼠标右键，在弹出的菜单选择“设置单元格格式”，在出现的对话框中选择“对齐”选项卡，勾选“文本控制”中的“合并单元格”一项，点击“确定”。

● 选择A3:D5区域，点击鼠标右键，在弹出的菜单中选择“设置单元格格式”，在出现的对话框中选择“对齐”选项卡，勾选“文本控制”中的“合并单元格”一项，点击“确定”。

● 点击“文件”下拉菜单，选择“保存”命令。

13. 打开当前试题目录下的素材文件，在Sheet1工作表中完成以下操作

素材：（

	A	B	C	D	E	F	G	H	I
1	考号	姓名	语文	数学	物理	化学	英语	体育	平均分
2	3010052	李宁	77	48	30	20	24	28	
3	3010053	王遵林	73	56	53	32	61	29	
4	3010054	王晓宁	95	87	41	30	103	28	
5	3010055	王延巍	76	71	39	19	81	18	
6	3010056	洒荣彬	73	21	20	12	31	20	
7	3010057	商斌	78	60	40	26	72	30	
8	3010058	于凯	81	52	23	15	33	20	
9	3010059	王晓	62	47	18	17	54	23	
10	3010060	王娜	96	80	43	22	96	22	
11	3010061	赵化	74	26	13	11	44	27	
12	3010062	杨峰	66	61	17	13	21	30	
13	3010063	耿新	59	42	20	16	41	25	
14	3010064	陈君	79	41	20	22	42	25	
15	3010065	郭志华	100	92	45	36	95	30	
16	3010066	孙希慧	83	72	12	28	96	27	
17	3010067	黄志辉	77	69	40	33	76	29	

)

- 计算各学生的平均分（结果保留一位小数）；
- 筛选数学成绩≥70 的所有学生，并将筛选结果复制到 Sheet2 表中 A1 开始的单元格中；
- 将筛选出来的学生姓名和平均分用簇状柱形图表示出来，图表存放到 Sheet1 中，图表如样张所示；
- 保存文件。

样张：

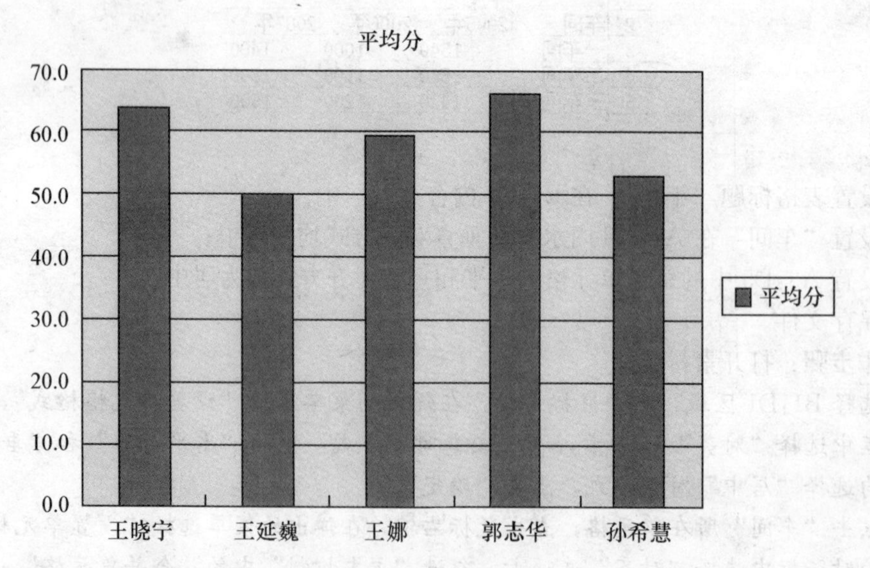

操作步骤：打开素材文件

● 光标定位于 I2 单元格，点击工具栏的求和按钮旁边的小三角“Σ ▾”，在弹出的列表中选择“平均值”，则默认对 C2:H2 区域求平均值，显示公式为“=AVERAGE(C2:H2)”，按回车，则在 I2 单元格求出第一个学生各科成绩的平均分，移动鼠标到 I2 单元格右下角的填充柄处，光标由空心十字形变成实心十字形时，点击鼠标，并拖动鼠标，选择区域包括 I2:I17，则其余学生各科目成绩平均分在相应单元格自动填充；选择 I2:I17，点击鼠标右键，在弹出的菜单选择“设置单元格格式”，在出现的对话框中“数字”选项卡的“分类”一栏选择“数值”，在右侧区域“小数位数”一栏输入“1”，点击“确定”，则选中区域数值均保留1位小数。

● 选择“数学”所在单元格D1，点击“数据”下拉菜单，选择“筛选”，在弹出的菜单中点击“自动筛选”，“自动筛选”前出现一个对勾，同时在“数学”所在的D1单元格右侧出现筛选按钮，点击该按钮，在出现的列表中选择“自定义”，在“自动定义自动筛选方式”对话框的“显示行：数学”一栏中选择“大于或等于”，在其后一栏中输入“70”，点击“确定”，则只显示数学成绩大于或等于70的学生记录，选择显示的符合筛选条件的所有记录，单击右键，点击菜单中的“复制”命令，选择Sheet2工作表，鼠标定位于A1单元格，单击右键，在出现的菜单中选择“粘贴”命令，则筛选结果被复制到Sheet2工作表指定位置。

● 在筛选结果数据区域，选择B1:B16区域的五条符合筛选条件的记录，按“Ctrl”键的同时，选择I1:I16区域，则同时选择了这两个不连续区域，点击“插入”→“图表”，在打开的对话框的“标准类型”选项卡的“图表类型”中选择“柱形图”，在“子图表类型”中选择“簇状柱形图”，按照插入图表向导提示，一直点击向导的“下一步”，均采取默认值即可。

● 点击“文件”下拉菜单，选择“保存”命令。

14. 在Excel中完成下面的操作

素材：（

	A	B	C	D	E	F	G	H	I	J	K	L	M	N
1	某单位值勤表													
2	值勤日	姓名	一月	二月	三月	四月	五月	六月	七月	八月	九月	十月	十一月	十二月
3		陈鹏	800	800	800	800	800	880	880	880	880	880	880	880
4		王卫平	685	685	685	685	685	754	754	754	754	754	754	754
5		张晓寰	685	685	685	685	685	754	754	754	754	754	754	754
6		杨宝春	613	613	613	613	613	674	674	674	674	674	674	674
7		许东东	800	800	800	800	800	880	880	880	880	880	880	880
8		王川	613	613	613	613	613	674	674	674	674	674	674	674
9		沈克	800	800	800	800	800	880	880	880	880	880	880	880
10		艾芳	685	685	685	685	685	754	754	754	754	754	754	754
11		王小明	613	613	613	613	613	674	674	674	674	674	674	674
12		胡海涛	613	613	613	613	613	674	674	674	674	674	674	674
13		庄凤仪	800	800	800	800	800	880	880	880	880	880	880	880
14		沈奇峰	685	685	685	685	685	754	754	754	754	754	754	754
15		连威	613	613	613	613	613	674	674	674	674	674	674	674
16		岳晋生	613	613	613	613	613	674	674	674	674	674	674	674
17		林海	685	685	685	685	685	754	754	754	754	754	754	754
18		刘学燕	613	613	613	613	613	674	674	674	674	674	674	674
19														
20														
21														
22														
23														
24														
25														
26														
27														
28														
29														
30														
31														
32														

2003

）

- 打开当前试题目录下的文件；
- 建立“2003”的副本“2003（2）”，移至最后；
- 将新工作表的标签名“2003（2）”修改为“2004”；
- 设置新标“2004”的显示比例为75%；
- 保存当前文件，并将文件另存为当前试题目录下的“EXCEL—62—da. xls”。

操作步骤：

● 运行Excel，点击“文件”下拉菜单，选择“打开”命令，在弹出的“打开”对话框的“查找范围”一栏中按照试题目录提示的文件路径找到素材文件，选择该文件，点击“打开”，则打开素材文件。

● 选择“2003”工作表，点击右键，在弹出的菜单中选择“移动或复制工作表”，在“下列选定工作表之前”一栏选择“2003”，并勾选“建立副本”，点击“确定”，则在“2003”工作表之前出现“2003（2）”；选择“2003（2）”工作表，点击右键，在弹出的菜单中选择“移动或复制工作表”，在“下列选定工作表之前”一栏选择“移至最后”，点击“确定”。

● 选择“2003（2）”工作表，点击右键，在弹出的菜单中选择“重命名”，则当前工作表为名称编辑状态，修改名称为“2004”，按回车键。

● 选择“2004”工作表，点击“视图”下拉菜单，选择“显示比例”命令，在弹出的对话框中“缩放”一栏选择“自定义”，在其后的数值栏中输入“75”，点击“确定”。

● 点击“文件”下拉菜单，选择“保存”命令，则实现原盘保存；点击“文件”下拉菜单，选择“另存为”命令，在弹出的“另存为”对话框的“保存位置”一栏中点击选择试题路径，在“文件名”一栏输入“EXCEL—62—da. xls”，点击“保存”。

15. 打开当前试题目录下的素材文件；在Sheet1工作表中完成以下操作

素材：（

	A	B	C	D	E	F	G
1	学号	姓名	语文	数学	英语	政治	历史
2	99101	杨振	91	75	48	32	70
3	99102	刘学娇	89	34	18	12	88
4	99103	孙宁	81	45	21	22	69
5	99104	张峰	90	39	23	25	50
6	99105	徐鹏	57	10	13	15	37
7	99106	刘进	75	72	44	28	63
8	99107	崔毅	59	12	17	13	51
9	99108	张红娟	83	12	11	12	64
10	99109	陈雪	83	54	23	16	60
11	99110	杨帅	64	15	22	14	30
12	99111	刘艳	68	12	13	13	45
13	99112	侯姗姗	31	6	23	12	25
14	99113	张林	58	36	12	8	50

）

- 按语文成绩降序排列；
- 将语文一列移动到数学一列的右侧；
- 保存文件。

操作步骤：打开素材文件

● 选定需要排序的数据 A2:G14，点击“数据”下拉菜单，选择“排序”命令，在打开的“排序”对话框中，“主要关键字”选择“语文”，选择排序方式为“降序”，点击“确定”。

● 鼠标定位于“语文”所在的 C 列顶部，点击选中整列，单击右键，在弹出的菜单中选择“剪切”，然后，将鼠标定位于“英语”所在的 E 列顶端，单击右键，在出现的菜单中选择“插入已剪切的单元格”，则“语文”所在的 C 列内容插入到“英语”所在列之前，为 D 列，而“数学”所在列成为 C 列。

● 点击“文件”下拉菜单，选择“保存”命令。

16. 在 Excel 中完成下面的操作

素材：（

	A	B	C	D	E
1	首都机场航班时刻表				
2	机型	离港城市	离港时间	到港时间	飞行时间
3	757	福州	4:00PM	6:20PM	2:20
4	737	长春	10:00AM	11:20AM	1:20
5	737	成都		1:50PM	2:30
6	757	上海	3:00PM	5:15PM	2:15

）

● 打开当前试题目录下的素材文件；

● 根据工作表中数据，在 C5 单元格内键入数据“11:20AM”；

● C5 单元格数据格式与该列其他相应数据格式保持一致；

● 将所有内容复制到 Sheet2 的相应单元格内，并以“飞行时间”为关键字，递增排序；

● 同名存盘。

操作步骤：

● 运行 Excel，点击“文件”下拉菜单，选择“打开”命令，在弹出的“打开”对话框的“查找范围”一栏中按照试题目录提示的文件路径找到素材文件，选择该文件，点击“打开”，则打开素材文件。

● 鼠标点击 C5 单元格，输入 11:20AM。

● 选择 C4 单元格，点击工具栏格式刷按钮，当鼠标变为一个空心十字旁出现一个刷子图标时单击 C5 单元格。

● 点击行号和列号交汇处，即数据区左上角，选择本工作表所有内容，单击右键，在弹出菜单中选择“复制”命令，选择 Sheet2 工作表，点击 A1 单元格，单击右键，在弹出菜单中选择“粘贴”命令；

● 选择 Sheet2 工作表中的 A3:E6 区域，点击“数据”下拉菜单，选择“排序”命令，在弹出的排序对话框中的“主要关键字”一栏选择“飞行时间”，排序方式选择“升序”，点击“确定”。

● 点击“文件”下拉菜单，选择“保存”命令。

17. 打开当前试题目录下的文件素材，在 Sheet1 工作表中完成以下操作

素材：（

	A	B	C	D	E	F	G
1	考号	姓名	理论	Word	Excel	PowerPoint	总分
2	7070	曹希花	27	24	22	17	
3	7056	孙敬敬		24	23	17	
4	7115	胡成林	26	24	23	17	
5	7065	贾存明	26	20			
6	7117	孙法刚	25	24	23	16	
7	7122	常　静	24	24	23	18	
8	7026	陈英霞	24	24	24	15	
9	7007	赵建永	24	24	0	14	
10	7006	贾玉泰	23	22		10	
11	7008	韩　静	22	24	22	16	
12	7053	曹连霞	12	24	23	17	
13	7078	张家军	29	23	24	15	
14	人数						

）

- 计算各学生的总分；
- 利用函数统计学生人数和参加每门课程考试的人数；
- 将课程名称和参加考试人数用簇状柱形图表示出来，图表存放到 Sheet1 中，图表如样张所示；
- 保存文件。

样张：

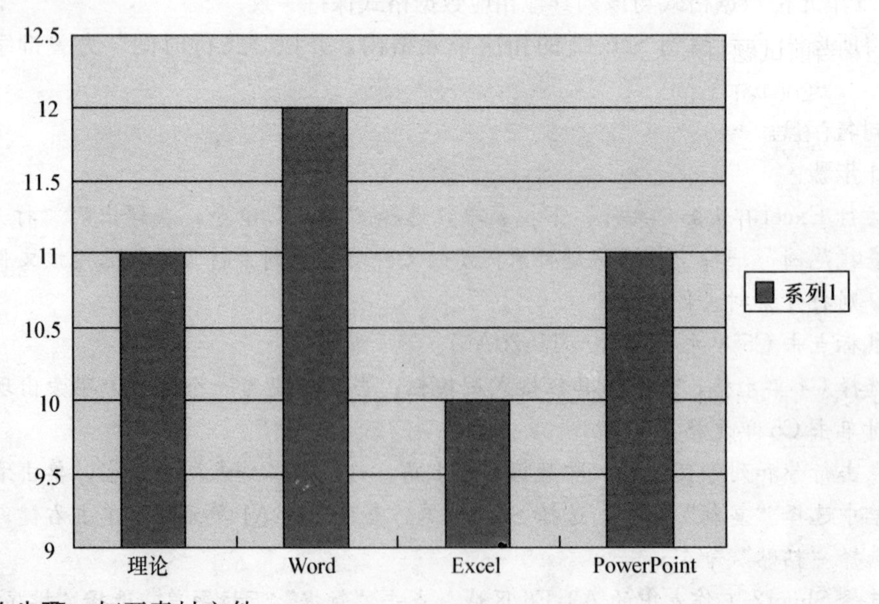

操作步骤： 打开素材文件

- 光标定位于 G2 单元格，点击工具栏的求和按钮“Σ”，则默认对 C2:F2 区域进行求和，显示公式为“=SUM(C2:F2)，按回车，在 G2 单元格求出第一个学生的总分，移动鼠标到G2单元格右下角的填充柄处，光标由空心十字形变成实心十字形时，点击鼠标，并拖动鼠标，选中G2:G13区域，放开鼠标，则所有学生成绩的总分在相应单元格自动填充。

● 鼠标点击C14单元格，点击“插入”下拉菜单，选择“函数”命令，在弹出的对话框的“选择类别”中选择“常用函数”，“选择函数”一栏选择“COUNT”，点击“确定”，在出现的“函数参数”对话框中的“Value1”一栏中输入“C2:C13”，则计数函数在C14单元格求出数值“11”；鼠标移动到C14单元格右下角填充柄，点击并拖动覆盖区域C14:F14，则其余考试人数也被自动填充。

● 选择C1:F1区域，按下“Ctrl”键的同时选择C14:F14区域，则选中的两个不连续区域数据为图表数据，点击“插入”下拉菜单，选择“图表”，出现插入图表向导，在打开的对话框的“标准类型”选项卡中的“图表类型”中选择“柱形图”，在“子图表类型”中选择“簇状柱形图”，按照插入图表向导提示，一直点击向导的“下一步”，均采取默认值即可。

● 点击“文件”下拉菜单，选择“保存”命令。

18. 在Excel中完成下面的操作

素材：(

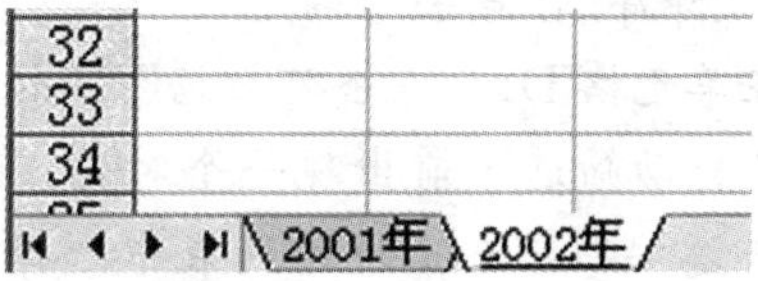

)

● 打开当前试题目录下的素材文件；

● 建立“2001年”的副本“2003年”，移至最后；

● 隐藏工作表“2002年”；

● 同名存盘。

操作步骤：打开素材文件

● 运行Excel，点击“文件”下拉菜单，选择“打开”命令，在弹出的“打开”对话框的“查找范围”一栏中按照试题目录提示的文件路径找到素材文件，选择该文件，点击“打开”，则打开素材文件。

● 点击选择“2001年”，单击右键，在弹出的菜单中选择“移动或复制工作表”，在“下列选定工作表之前”选择“移至最后”，勾选“建立副本”，则在“2002年”工作表之后出现一个新的工作表“2001年（2）”，双击新工作表名称，则其名称处于编辑状态，改其名为“2003年”，按回车键。

● 选择“2002年”工作表，点击“格式”下拉菜单→“工作表”→“隐藏”，则工作表2002年被隐藏。

● 点击“文件”下拉菜单，选择“保存”命令。

19. 打开当前试题目录下的素材文件，在sheet1工作表中完成以下操作

素材：(

	A	B	C	D	E	F	G	H	I	J
1	考号	姓名	年龄	语文	数学	物理	化学	英语	体育	平均分
2	201001	学生一	13	73	56	53	32	61	29	
3	201002	学生二	13	95	87	41	30	103	28	
4	201003	学生三	14	76	51	39	19	81	18	
5	201004	学生四	15	73	21	20	12	31	20	
6	201005	学生五	14	78	60	40	26	72	30	
7	201006	学生六	13	81	52	23	15	33	20	
8	201007	学生七	14	96	64	43	22	96	22	
9	201008	学生八	14	74	26	13	11	44	27	

)

● 先按语文成绩降序、再按数学成绩降序排列所有记录；

● 筛选出语文成绩大于等于 80 的所有记录，并将筛选结果复制到 Sheet2 表中 A1 开始的单元格中；

● 保存文件。

操作步骤：打开素材文件

● 选择 A2:I10 区域，点击“数据”下拉菜单，选择“排序”命令，在弹出的排序对话框中的“主要关键字”一栏选择“语文”，排序方式选择“降序”，“次要关键字”一栏选择“数学”，排序方式选择“降序”，点击“确定”。

● 点击选择“语文”所在单元格 D1，点击“数据”下拉菜单，选择“筛选”，在弹出的菜单中点击“自动筛选”，“自动筛选”前出现一个对勾，同时在“数学”所在的 D1 单元格右侧出现筛选按钮，点击该按钮，在出现的列表中选择“自定义”，在“自动定义自动筛选方式”对话框的“显示行：数学”一栏中选择“大于或等于”，在其后一栏中输入“80”，点击“确定”，则只显示数学成绩大于或等于 80 的学生记录，选择显示的符合筛选条件的所有记录，单击右键，点击菜单中的“复制”命令，选择 Sheet2 工作表，鼠标定位于 A1 单元格，单击右键，在出现的菜单中选择“粘贴”命令，则筛选结果被复制到 Sheet2 工作表指定位置。

● 点击“文件”下拉菜单，选择“保存”命令。

20. 在 Excel 中完成下列操作

素材：（

	A	B	C	D
1	家电销售趋势			
2	项目	1996	1997	增长率
3	彩电	￥3,130,000.00	￥3,200,000.00	
4	冰箱	￥2,941,000.00	￥3,562,400.00	
5	洗衣机	￥2,754,600.00	￥3,056,000.00	
6	空调	￥2,015,200.00	￥3,521,200.00	

）

● 打开当前试题目录下的素材文件；

● 利用公式计算每个项目的“增长率”，增长率按“(1997 年销售额－1996 年销售额)/1996 年销售额”计算；

● “增长率”项以小数点后 2 位数的百分比形式表示（如 2.24%）；
● 同名存盘。

操作步骤：

● 运行 Excel，点击“文件”下拉菜单，选择“打开”命令，在弹出的“打开”对话框的“查找范围”一栏中按照试题目录提示的文件路径找到素材文件，选择该文件，点击“打开”，则打开文件。

● 鼠标点击 D3 单元格，输入公式“=(C3−B3)/B3”，按回车键，可以在 D3 计算出彩电增长率；移动鼠标到 D3 单元格右下角填充柄，点击并拖动覆盖 D3:D6 区域，放开鼠标，则其余电器增长率自动填充到相应单元格。

● 选择 D3:D6 区域，点击鼠标右键，在出现的菜单中选择“设置单元格格式”，在出现的对话框中“数字”选项卡的“分类”一栏选择“百分比”，在右侧区域“小数位数”一栏输入“2”，点击“确定”，则选中区域数值均保留 2 位小数。

● 点击“文件”下拉菜单，选择“保存”命令。

21. 在 Excel 中完成下列操作

素材：（

	A	B	C	D	E
1	职工购房款计算表				
2	姓名	工龄	住房面积（平方米）	房屋年限	房价款(元)
3	张三	10	43.6	10	￥44,886.20
4	李四	22	61	8	
5	王五	31	62.6	8	￥50,921.97
6	蒋六	27	52.2	10	￥42,159.33
7	赵七	35	45.3	9	￥33,170.93
8	袁八	30	52.2	10	￥40,115.70

）

● 打开当前试题目录下的素材文件；
● 根据工作表中数据，在 E4 单元格内键入数据“45637”；
● 以“工龄”为关键字，递增排序；
● 同名存盘；

操作步骤：

● 运行 Excel，点击“文件”下拉菜单，选择“打开”命令，在弹出的“打开”对话框的“查找范围”一栏中按照试题目录提示的文件路径找到素材文件，选择该文件，点击“打开”，则打开文件。

● 鼠标点击 E4 单元格，输入“45637”。

● 选择 A2:E8 区域，点击“数据”下拉菜单，选择“排序”命令，在弹出的排序对话框中的“主要关键字”一栏选择“工龄”，排序方式选择“升序”，点击“确定”。

● 点击“文件”下拉菜单，选择“保存”命令。

22. 打开当前试题目录下的素材文件，在 Sheet1 工作表中完成以下操作

素材：（

	A	B	C	D	E	F
1	姓名	数学	物理	英语	语文	总分
2	杨凯	89	71	86	91	
3	车颖	95	91	89	94	
4	孙琪	88	90	87	93	
5	刘晓科	87	76	82	84	
6	王倩	77	84	81	91	
7	王燕	94	81	85	88	
8	陈雪	91	82	97	92	
9	杨帅	90	84	70	88	
10	刘艳	82	77	0	91	
11	侯姗姗	92	95	82	94	
12	张林	89	92	70	92	
13	马晓媛	95	91	87	0	
14	杨蓓蓓	90	90	87	93	
15	孙娅丽	95	90	82	93	
16	刘兵	87	83	71	92	
17	梁晓	75	74	86	85	
18	王雪芳	96	90	84	79	
19	王全义	98	90	87	91	
20	学科最高分					

)

- 计算各学生的总分；
- 用函数求各学科的最高分；
- 把姓名和总分用簇状柱形图表示出来存放到 Sheet2 中，结果如样张所示；
- 保存文件。

样张：

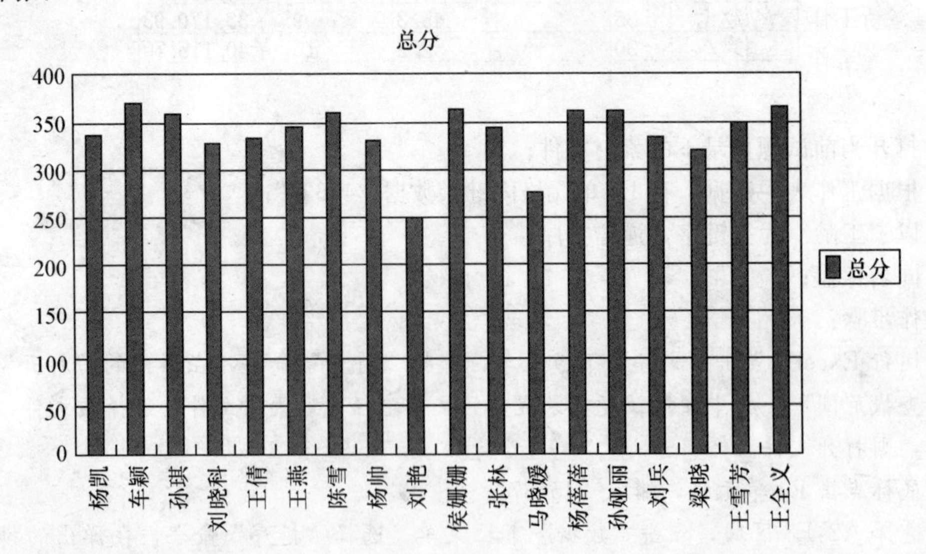

操作步骤： 打开素材文件

- 鼠标点击选择 F2 单元格，点击工具栏的求和按钮“Σ”，则默认对 B2:E2 区域进行求和，显示公式为“＝SUM(B2:E2)”，按回车，在 F2 单元格求出第一个学生的总分，移动鼠标到 F2 单元格右下角的填充柄处，光标由空心十字形变成实心十字形时，点击鼠标，并拖动鼠标，选中 F2:F19 区域，放开鼠标，则所有学生成绩的总分在相应单元格自动填充。

● 点击选择 B20 单元格，点击工具栏的求和按钮旁边的小三角“Σ ▾”，在弹出的列表中选择“最大值”，则默认在 B2:B19 区域求最大值，显示公式为“=MAX(B2:B19)”，按回车，则在 B20 单元格求出数学成绩的最大值，移动鼠标到 B20 单元格右下角的填充柄处，光标由空心十字形变成实心十字形时，点击鼠标，并拖动鼠标，选择区域包括 B20:E20，则其余各学科成绩最大值在相应单元格自动填充。

● 选择 A1:A19 区域，按下“Ctrl”键的同时选择 F1:F19 区域，则选中的两个不连续区域数据为图表数据，点击“插入”下拉菜单，选择“图表”，出现插入图表向导，在打开的对话框的“标准类型”选项卡的“图表类型”中选择“柱形图”，在“子图表类型”中选择“簇状柱形图”，按照插入图表向导提示，一直点击向导的“下一步”，均采取默认值即可。

● 点击“文件”下拉菜单，选择“保存”命令。

23. 在 Excel 中完成下列操作

素材：（

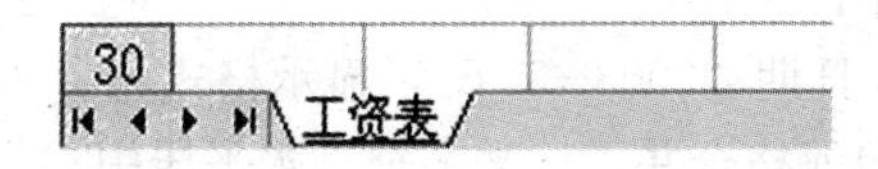

）

● 打开当前试题目录下的素材文件；
● 建立“工资表”的副本“工资表（2）”，并移至最后；
● 将新工作表名为“工资表（2）”的标签设为粉红色；
● 设置工作表“工资表”的显示比例为 150%；
● 同名存盘。

操作步骤：

● 运行 Excel，点击“文件”下拉菜单，选择“打开”命令，在弹出的“打开”对话框的“查找范围”一栏中按照试题目录提示的文件路径找到素材文件，选择该文件，点击“打开”，则打开文件。

● 点击选择“工资表”，单击右键，在弹出的菜单中选择“移动或复制工作表”，在“下列选定工作表之前”选择“移至最后”，勾选“建立副本”，则在“工资表”工作表之后出现一个新的工作表“工资表（2）”。

● 点击选择“工资表（2）”，单击鼠标右键，在弹出菜单中选择“工作表标签颜色”，在打开的“设置工作表标签颜色”对话框中选择粉色，点击“确定”。

● 点击选择“工资表”，点击“视图”菜单，选择“显示比例”，在打开的对话框中选择“自定义”一项，并在其后的文本框中输入“150”，点击“确定”。

● 点击“文件”下拉菜单，选择“保存”命令。

24. 在 Excel 中完成下列操作

素材：（

	A	B	C	D	E	F	G	H	I	J	K	L	M	N
1	某单位值勤表													
2	值勤日	姓名	一月	二月	三月	四月	五月	六月	七月	八月	九月	十月	十一月	十二月
3		陈鹏	800	800	800	800	800	880	880	880	880	880	880	880
4		王卫	685	685	685	685	685	754	754	754	754	754	754	754
5		张晓	685	685	685	685	685	754	754	754	754	754	754	754
6		杨宝	613	613	613	613	613	674	674	674	674	674	674	674
7		许东	800	800	800	800	800	880	880	880	880	880	880	880
8		王川	613	613	613	613	613	674	674	674	674	674	674	674
9		沈克	800	800	800	800	800	880	880	880	880	880	880	880
10		艾芳	685	685	685	685	685	754	754	754	754	754	754	754
11		王小	613	613	613	613	613	674	674	674	674	674	674	674
12		胡海	613	613	613	613	613	674	674	674	674	674	674	674
13		庄凤	800	800	800	800	800	880	880	880	880	880	880	880
14		沈奇	685	685	685	685	685	754	754	754	754	754	754	754
15		连威	613	613	613	613	613	674	674	674	674	674	674	674
16		岳晋	613	613	613	613	613	674	674	674	674	674	674	674
17		林海	685	685	685	685	685	754	754	754	754	754	754	754
18		刘学	613	613	613	613	613	674	674	674	674	674	674	674

)

- 打开当前试题目录下的文件；
- 在 A3 单元格中输入日期“2003-3-5”，显示格式为“2003 年 3 月 5 日”；
- 将 a1:n1 区域进行单元格合并，且文字垂直水平居中；
- 同名存盘。

操作步骤：

- 运行 Excel，点击“文件”下拉菜单，选择“打开”命令，在弹出的“打开”对话框的“查找范围”一栏中按照试题目录提示的文件路径找到素材文件，选择该文件，点击“打开”，则打开文件。
- 鼠标点击 A3 单元格，输入“2003-3-5”，点击 A3 单元格，单击鼠标右键，在弹出的菜单中选择“设置单元格格式”，选择弹出的对话框中的“数字”选项卡，在其“分类”一栏选择“日期”，在其右“类型”一栏选择“2001 年 3 月 14 日”，点击“确定”，则 A3 单元格内容变为“2003 年 3 月 5 日”。
- 选择 A1:N1 区域，单击鼠标右键，在弹出的菜单中选择“设置单元格格式”，点击弹出的对话框的“对齐”选项卡，勾选“文本控制”区域中的“合并单元格”，并在“文本对齐方式”区域的“水平对齐”和“垂直对齐”两栏中均选择“居中”，点击“确定”。
- 点击“文件”下拉菜单，选择“保存”命令。

25. 在 Excel 中完成下面的操作

素材：（

	A	B	C	D	E
1	各国在亚太地区电信投资表（单位：亿美元）				
2	国家	1995年投资额	1996年投资额	1997年投资额	合计
3	美国	200	195	261	
4	韩国	120	264	195	
5	中国	530	350	610	
6	合计				

）

● 打开当前试题目录下的素材文件；

● 根据工作表中数据，分别计算各国三个年度的投资合计和三国每个年度的投资合计；

● “合计”列、行以单元格格式中的货币类的“￥”货币符号、小数点后2位显示（例：￥5,850.00）；

● 同名存盘。

操作步骤：

● 运行Excel，点击“文件”下拉菜单，选择“打开”命令，在弹出的“打开”对话框中“查找范围”一栏中按照试题目录提示的文件路径找到素材文件，选择该文件，点击“打开”，则打开文件。

● 鼠标点击选择E3单元格，点击工具栏的求和按钮“Σ”，则默认对B3:D3区域进行求和，显示公式为“=SUM(B3:D3)”，按回车，在E3单元格求出美国投资合计，移动鼠标到E3单元格右下角的填充柄处，光标由空心十字形变成实心十字形时，点击鼠标，并拖动鼠标，选中E3:E5区域，放开鼠标，则其他国家的投资合计在相应单元格自动填充；鼠标点击选择B6单元格，点击工具栏的求和按钮“Σ”，则默认对B3:B5区域进行求和，显示公式为“=SUM(B3:B5)”，按回车，在B6单元格求出三个国家在1995年的投资合计，移动鼠标到B6单元格右下角的填充柄处，光标由空心十字形变成实心十字形时，点击鼠标，并拖动鼠标，选中B6:D6区域，放开鼠标，则三个国家其他年度的投资合计在相应单元格自动填充。

● 鼠标点击行号“6”，选中第六行，按“Ctrl”键的同时点击E列列号所在位置，则同时选中“合计”所在行和列，单击鼠标右键，在弹出菜单中选择“设置单元格格式”，选择弹出的对话框中的“数字”选项卡，在其“分类”一栏选择“货币”，在其右侧的“小数位数”一栏中输入“2”，点击“确定”。

● 点击“文件”下拉菜单，选择“保存”命令。

26. 在Excel中完成下面的操作

素材：（

	A	B	C	D
1	销售情况			
2	日期	木材	水泥	铝合金
3	1997-8-11	1980	1940	1950
4	1997-8-20	2580	2540	2550
5	1997-9-17	2980	2950	
6	1997-9-18	4500	4400	4480

）

● 打开当前试题目录下的素材文件；

● 根据工作表中数据，在D5单元格内键入数据“2564”；

● 所有数字格式为0.00类型，如：2564.00；

● 将Sheet1的所有内容复制到Sheet2相应单元格，并以“日期”为关键字，递减排序；

● 同名存盘。

操作步骤：

● 运行Excel，点击“文件”下拉菜单，选择“打开”命令，在弹出的“打开”对话框中“查找范围”一栏中按照试题目录提示的文件路径找到素材文件，选择该文件，点击

"打开"，则打开文件。

● 鼠标点击 D4 单元格，输入"2564"。

● 选择 A3:D6 单元格，单击鼠标右键，在弹出菜单中选择"设置单元格格式"，选择弹出的对话框中的"数字"选项卡，在其"分类"一栏选择"数值"，在其右侧的"小数位数"一栏中输入"2"，点击"确定"。

● 点击行号和列号交汇处，即数据区左上角，选择本工作表所有内容，单击右键，在弹出菜单中选择"复制"命令，选择 Sheet2 工作表，点击 A1 单元格，单击右键，在弹出菜单中选择"粘贴"命令；选择 Sheet2 工作表中 A3:D6 区域，点击"数据"下拉菜单，选择"排序"命令，在弹出的排序对话框中的"主要关键字"一栏选择"日期"，排序方式选择"降序"，点击"确定"。

● 点击"文件"下拉菜单，选择"保存"命令。

27. 打开当前试题目录下的素材文件，在 Sheet1 工作表中完成以下操作

素材：(

	A	B	C	D	E	F	G
1	考号	姓名	理论	Word	Excel	PowerPoir	总分
2	7091	董立青	20	25	24	20	
3	7058	胡成林	27	28	23	14	
4	7059	贾成娥	20	25	25	14	
5	7124	贾存明	24	25	23	16	
6	7125	李怀艳	18	16	23	15	
7	7005	李文晴	23	25	15	18	
8	7107	史　蕾	27	24	24	16	
9	7070	孙法刚	28	24	16	12	
10	7056	孙法强	26	17	23	16	
11	7115	成　峰	26	24	20	14	
12	7065	董　爱	26	23	23	16	
13	7117	杨长国	25	24	18	19	
14	7122	姚庆国	24	20	23	17	
15	7026	张海军	19	24	24	13	
16	7007	张善文	24	24	0	18	
17	学科最高分						

样张：

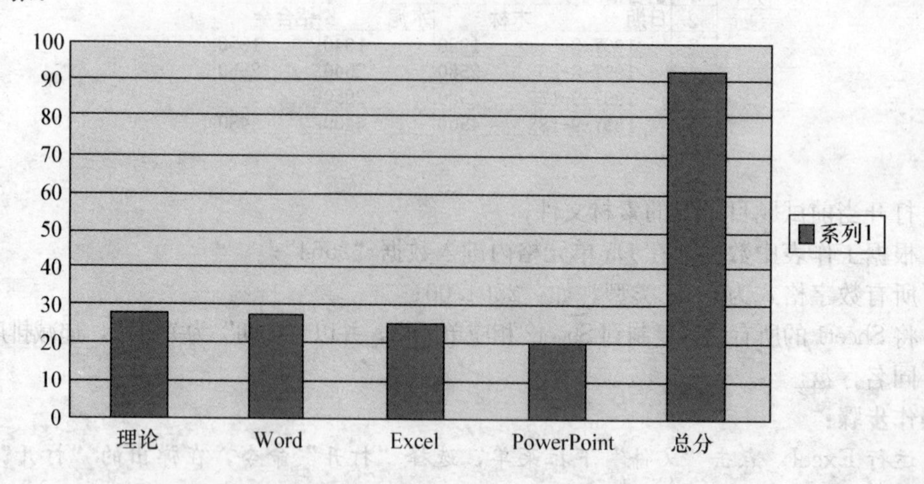

)

● 计算各考生的总分；

● 利用 MAX() 函数求各学科的最高分和总分的最高分；

● 将各数值列名称和对应的最高分用簇状柱形图表示出来，图表存放到 Sheet1 中，图表如样张所示；

● 保存文件。

操作步骤： 打开素材文件

● 鼠标点击选择 G2 单元格，点击工具栏的求和按钮"Σ"，则默认对 C2:F2 区域进行求和，显示公式为"=SUM(C2:F2)"，按回车，在 F2 单元格求出第一个学生的总分，移动鼠标到 G2 单元格右下角的填充柄处，光标由空心十字形变成实心十字形时，点击鼠标，并拖动鼠标，选中 G2:G16 区域，放开鼠标，则所有学生成绩的总分在相应单元格自动填充。

● 点击选择 C17 单元格，点击工具栏的求和按钮旁边的小三角"Σ ▾"，在弹出的列表中选择"最大值"，则默认在 C2:C16 区域求最大值，显示公式为"=MAX(C2:C16)"，按回车，则在 C17 单元格求出"理论"成绩的最大值，移动鼠标到 C17 单元格右下角的填充柄处，光标由空心十字形变成实心十字形时，点击鼠标，并拖动鼠标，选择区域包括 C17:G17，则其余各学科成绩最大值在相应单元格自动填充。

● 选择 C1:G1 区域，按下"Ctrl"键的同时选择 C17:G17 区域，则选中的两个不连续区域数据为图表数据，点击"插入"下拉菜单，选择"图表"，出现插入图表向导，在打开的对话框的"标准类型"选项卡的"图表类型"中选择"柱形图"，在"子图表类型"中选择"簇状柱形图"，按照插入图表向导提示，一直点击向导的"下一步"，均采取默认值即可。

● 点击"文件"下拉菜单，选择"保存"命令。

28. 打开当前试题目录下的素材文件，在 Sheet1 工作表中按如下要求完成以下操作

素材：（

	A	B	C	D	E	F	G	H	I	J	K	L	M	N
1	月份	1	2	3	4	5	6	7	8	9	10	11	12	平均值
2	体重	105	106	104	105	107	107	106	108	109	108	109	110	

）

● 在 N2 单元格中计算出 12 个月体重的平均值；

● 以月份作为分类轴，以体重作为数值轴，用饼图表现出来，把它存放到数据表下面；

● 保存文件。

操作步骤： 打开素材文件

● 光标定位于 N2 单元格，点击工具栏的求和按钮旁边的小三角"Σ ▾"，在弹出的列表中选择"平均值"，则默认对 B2:M2 区域求平均值，显示公式为"=AVERAGE(B2:M2))"，按回车，则在 N2 单元格求出 12 个月体重的平均值。

● 选择 A1:N2 区域，点击"插入"下拉菜单，选择"图表"，出现插入图表向导，在打开的对话框的“标准类型”选项卡的“图表类型”中选择“饼图”，在“子图表类型”中选择“饼图”，按照插入图表向导提示，一直点击向导的“下一步”，均采取默认值即可。

● 点击“文件”下拉菜单，选择“保存”命令。

29. 打开当前试题目录下的素材文件，并完成如下操作

素材：（

	A	B	C	D	E	F	G	H	I
1	1	2	3	4	5	6	7	8	9
2	2	4							
3	3								
4	4								
5	5								
6	6								
7	7								
8	8								
9	9								

）

● 在 Sheet1 工作表中利用 B2 单元格内的公式填充 B2:I9 区域；

● 将 Sheet1、Sheet2、Sheet3 的工作表名分别改为表 1、表 2 和表 3；

● 保存文件。

操作步骤：打开素材文件

● 移动鼠标到 B2 单元格右下角的填充柄处，光标由空心十字形变成实心十字形时，点击鼠标，并拖动鼠标，选择区域包括 B2:I9，则各单元格按照 B2 单元格公式自动填充内容。

● 双击 Sheet1 工作表名，则其名称处于编辑状态，改其名为“表 1”，按回车键；双击 Sheet2 工作表名，则其名称处于编辑状态，改其名为“表 2”，按回车键；双击 Sheet3 工作表名，则其名称处于编辑状态，改其名为“表 3”，按回车键。

● 点击“文件”下拉菜单，选择“保存”命令。

五、本章练习

1. 打开当前试题目录下的素材文件，在 Sheet1 工作表中完成以下操作

● 计算每月的平均量（结果保留一位小数）；

● 筛选出向每个区供货都超过 100（含 100 在内）的所有月份，并将结果复制到 Sheet2 表中 A1 开始的单元格中；

● 保存文件。

2. 在 Excel 中完成下列操作

● 打开当前试题目录下的素材文件；

● 根据工作表中数据，在 D5 单元格内键入数据“2955”；

● 表格数字数据设置为“00,000.00”格式；

● 以“1996 年”为关键字，对不同规格所有相应数据进行递减排序；
● 同名存盘。

3. 打开当前试题目录下的素材文件，在 Sheet1 工作表中完成以下操作

● 计算各学生的总分；
● 按总分的降序排列，若总分相同再按语文成绩的降序排列；
● 将学生姓名、语文、数学三列用簇状柱形图表示出来，图表存放到 Sheet1 中，图表如样张所示；
● 保存文件。

4. 打开当前试题目录下的素材文件，在 Sheet1 工作表中完成以下操作

● 用填充柄自动填充“序号”，从“1 号”开始，按顺序填充；
● 将“数量”和“单价”所在的两列的位置互换；
● 保存文件。

六、本章练习解题步骤

第 1 题操作提示

考核求平均值和筛选：

● 光标定位于计算平均的第一个单元格，点击工具栏的求和按钮旁边的小三角“Σ ▾”，在弹出的列表中选择“平均值”，对数据区域求平均值，显示公式为“=AVERAGE( )”，按回车，则求出第一个平均值，移动鼠标到填充柄，光标由空心十字形变成实心十字形时，点击鼠标，并拖动鼠标，选择要求其他平均值所在数据区域，则其余平均值在相应单元格自动填充；选择数据区域，点击鼠标右键，在弹出的菜单选择“设置单元格格式”，在出现的对话框的“数字”选项卡的“分类”一栏选择“数值”，在右侧区域“小数位数”一栏输入“1”，点击“确定”，则选中区域数值均保留 1 位小数。

● 鼠标定位于数据区域，点击“数据”下拉菜单，选择“筛选”，在弹出的菜单中点击“自动筛选”，“自动筛选”前出现一个对勾，同时在每个列标题所在的单元格右侧出现筛选按钮，选择要筛选的列所在标题单元格筛选按钮，在弹出的列表中选择“自定义”，在弹出的对话框的“显示行：平均分”一栏选择“大于或等于”，在其后的数值栏输入“100”；选择显示的符合筛选条件的所有记录，单击右键，点击菜单中的“复制”命令，选择 Sheet2 工作表，鼠标定位于 A1 单元格，单击右键，在出现的菜单中选择“粘贴”命令，则筛选结果被复制到 Sheet2 工作表指定位置。

● 点击“文件”下拉菜单，选择“保存”命令。

第 2 题操作提示

考核单元格格式设置和排序：

● 选择设置数字格式的单元格区域，单击鼠标右键，在弹出菜单中选择“设置单元格格式”，选择弹出的对话框中的“数字”选项卡，在其“分类”一栏选择“数值”，在其右侧的“小数位数”一栏中输入“2”，点击“确定”。

● 选择排序数据区域，点击“数据”下拉菜单，选择“排序”命令，在弹出的排序对话框中的“主要关键字”一栏选择“1996”，排序方式选择“降序”

第3题操作提示

考核求和函数、多重排序以及插入图表：

● 鼠标点击求和结果所在单元格，点击工具栏的求和按钮“Σ”，求出第一个学生的总分，利用自动填充功能在相应单元格自动填充其他记录的总分。

● 点击选择排序区域，点击“数据”下拉菜单，选择“排序”命令，在弹出的排序对话框中的“主要关键字”一栏选择“总分”，排序方式选择“降序”，“次要关键字”一栏选择“语文”，排序方式选择“降序”。

● 按下“Ctrl”键的同时选择学生姓名、语文和数学三个区域，则选中的不连续区域数据为图表数据，点击“插入”下拉菜单，选择“图表”，出现插入图表向导，在打开的对话框的“标准类型”选项卡的“图表类型”中选择“柱形图”，在“子图表类型”中选择“簇状柱形图”，按照插入图表向导提示，一直点击向导的“下一步”，均采取默认值即可。

第4题操作提示

考核自动填充功能和调整数据位置：

● 点击选择“1号”所在单元格，鼠标移动到填充控制点，当鼠标变成实心十字时，拖动鼠标覆盖填充区域，即可在相应区域一次填充“2号、3号、…”。

● 选择“数量”所在整列，选择“剪切”，点击“单价”所在列之后一列，点击右键，在出现菜单中选择“插入已剪切的单元格”。

第二篇

>>> Word 和 Excel 实用技巧

第一章

Word 实用技巧

1. 格式刷妙用

“格式”工具栏上，刷子状图标就是格式刷按钮。使用格式刷，可以快速将指定段落或文本的格式沿用到其他段落或文本上，即格式刷具有复制、粘贴格式的功能。

复制文字格式

(1) 选中要复制格式的文本。

(2) 单击“格式”工具栏上的“格式刷”按钮，此时鼠标指针显示为“I”形旁加一个刷子图案。

(3) 按住左键刷（即拖选）要应用复制格式的文字。

复制段落格式

(1) 选中要复制格式的整个段落（可以不包括最后的段落标记），或将插入点定位到此段落内，也可以仅选中此段落末尾的段落标记。

(2) 单击“格式”工具栏上的“格式刷”按钮。

(3) 在应用该段落格式的段落中单击，如果同时要复制段落格式和文本格式，则需拖选整个段落（可以不包括最后的段落标记）。

注意：单击“格式刷”按钮，使用一次后，按钮将自动弹起，不能继续使用；如要连续多次使用，可双击“格式刷”按钮。如要停止使用，可按键盘上的“Esc”键，或再次单击“格式刷”按钮。执行其他命令或操作（如“复制”），也可以自动停止使用格式刷。

复制格式的组合键包括“Ctrl＋Shift＋C”和“Ctrl＋Shift＋V”，并且“Ctrl＋Shift＋V”还有一个特点，只要曾经复制过某种格式，就可以反复使用此快捷键将此格式应用到其他段落或文字上，不受其间其他操作的影响，直到复制了一种新的格式。

使用上述方法，可以在不同的 Word 文档间进行格式复制。

2. 中西文不同字体、风格及文字大小的排版方式

例如：中文字，宋体，五号；英文字和数字，Arial，11 号。

使用 Word 中的查找功能

步骤：(1) 在 Word 中全选，将字体字号统一设置成宋体 5 号。

(2) 选择查找，选中“突出显示所有在该范围找到的项目”下的“主文档”选项，选择“搜索选项”下的“使用通配符”。

(3) 在查找内容里填入：[0-9a-zA-Z]，因为数字和字母主要是由这几项组成的，如果还想查找什么特殊字符的话，也可以往里添加，比如：[0-9a-zA-Z$]。

(4) 点击查找全部，查找完后所有数字和字母都被选中了，然后将字体设置成 Arial、11 号即可。

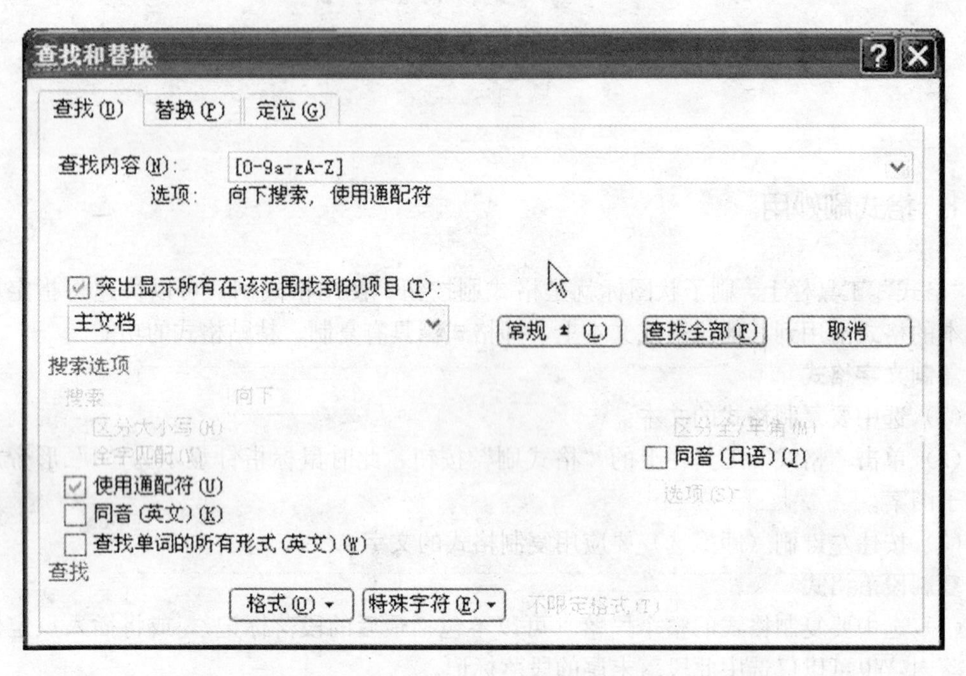

3. 在 Word 中输入特大字和特小字

在 Word 文档编辑过程中，选择适当大小的字体，可使文档美观大方，并且具有较好的阅读性。可是 Word 文档字号的默认设置最大只能为 72 磅，最小只能为 5 磅，那么如何输入比 72 磅还大或者比 5 磅更小的字呢？

操作的步骤为：选中要修饰的文本，点击菜单“格式”中的“字体”项，直接在“字号”栏输入所需的磅值即可，字体大小的磅值范围为 1～1638。在改变字体大小时，为了更具有直观性，可反复使用快捷键“Ctrl＋]”使字体逐渐增大，使用快捷键“Ctrl＋[”使字体逐渐变小。

4. 在 Word 中输入着重号

使用 Word 时，输入着重号一般只能通过点击“格式”菜单的“字体”子菜单，从弹出窗口中选择“着重号”并点击“确定”退出才行。对于篇幅较长文档的录入来说，这种操作方法不方便。通过格式工具栏的“添加或删除”按钮功能来添加按钮，可以很方便地使用着重号。

操作方法为：点击“工具”→“自定义”，在出现的“自定义”窗口，选择自定义窗口中的“命令”标签，在左侧的类别窗口中选择“所有命令”选项，然后在右侧的命令窗口中找到“DotAccent”，用鼠标左键将其拖入格式工具栏，此时格式工具栏显示带有“ABC”三个字母（这三个字母下边有三个着重号）的一个按钮，然后关闭“自定义”窗口。此时，如果鼠标悬停在这个按钮上，提示信息为“着重号”。它的使用方法和使用格式工具栏的其他按钮如“加粗”、“倾斜”、“下划线”的按钮相同，并且可以和下划线同时使用而不发生冲突。

5. 文字段的快速录入方法

录入文字时经常遇到一小段文字需要重复录入，此时可用自动图文集来解决问题，即用“图文集词条”代替要录入的文字。在编辑正文时，只需输入相应的词条，Word即可将它自动转换成自动图文集中的内容。

添加自动图文集的操作为：选择“工具”菜单中的“自动更正”命令，单击“自动图文集”标签卡，然后选择“添加”按钮进行编辑添加，编辑好后单击“确定”按钮。如你添加了词条“计算机应用基础”后，只要你录入“计算”两个字后，屏幕上会立即显示整个词条，按回车键，该词条便被输入在文档中。

6. 如何在Word中调整汉字与英文字母间的距离

在中文Word中汉字与英文字母和数字之间一般都存在一小段间隔，这个间隔一般有一个空格大小，但却无法删除掉。例如：输入“中文Word 2003的新特性”，在“中文”和“Word”之间以及“2003”与“的”之间都有这段间隔。此项功能有助于突出显示汉字与英文之间的区别，使文档一目了然，但有时也需要关闭此功能，关闭的方法：(1)按“Ctrl＋A”选定全部文档；(2)选择“格式”→“段落”→“其他”；(3)在“其他”选项卡中取消“字符间距”设置框下面的“中、英文间自动调整间距”和“中文、数字间自动调整间距”选项左边的复选框。

7. 如何在Word中任意修改字间距

在Word中修改字间距很不直观，有些用户甚至不知道该如何设置字间距，而不得不使用系统默认值。

Word的字距有“标准”、“加宽”、“紧缩”等三种字间距，其中“标准”字间距即默认字间距，它的实际距离不是一成不变的，而是与文档中字号的大小有一定的关系。“加宽”字间距则是在“标准”的基础上再增加一个用户指定的数值，“紧缩”则是在“标准”的基础上减去一个用户指定的数值。“加宽”和“紧缩”都是在“标准”的基础上进行调整的，字号变化时，间距也会自动调整，不至于出现字号与字间距不匹配的情况。调整字间距的方法为：(1) 选定文本；(2) 选择“格式”→“字体”，选择“字符间距”选项卡；(3) 在间距下拉列表中选择适当的类型和增添或减小的间距数值，最后“确定”即可。

8. 如何在 Word 中任意修改行距

在 Word 中提供了很多种标准的行距供选择，选择“格式”→“段落”的“缩进和间距”选项页，在“行距”一栏提供了行距的选择列表，包括“单倍行距”、“最小行距”等。但标准行距不一定符合设置要求。

希望行距尽可能小时用“最小行距”就满足不了要求。要想任意设置行距的大小，可以将行距设置为“固定值”，然后在右边的“设置值”对话框里任意输入行距的磅数即可。

9. 拆分文档小技巧

如果要录入较长的文档，常常会遇到需要对跨度较远的不同文字的编辑操作，反复上下翻页，很麻烦。此时可以使用一个不为人注意的方法，拖动位于窗口右边滚动条上方、与黑三角形的按钮相邻的一个很扁的折叠起来的滚动条来拆分文档。把鼠标放在这个位置，双击左键，窗口就会上下一分为二，这样就可以在不同的窗口中对同一文档不同位置的内容分别进行操作（其作用就相当于“窗口”中的“折分”）。还可以按住该滚动条并往下拖，这样也可以把窗口分成两个，窗口的大小可以用鼠标来调整。

文档编辑完成后，可以将拆分文档之后两部分的界限拖动上移至文档编辑区最上方，即可恢复文档窗口原状，取消拆分状态。

10. 快速输入上下标

在文字处理过程中，经常会遇到输入上、下标。常用的方法是选定作为上下标的字符，在“格式”下拉菜单中选择“字体”，在“效果选项”中选择上标或下标，然后点击“确定”按钮。

若要继续其他文字的输入时，又必须按上述操作取消上下标设定，如此操作总感烦琐。可以采用一种较为方便的方法：在工具按钮栏中按下鼠标右键选择自定义，在“命令”选项卡中选择“格式”，在右侧界面出现很多命令项，其中“X^2”和“X_2”分别代表上标和下标，拖动鼠标将“X^2”和“X_2”按钮拖至文档输入界面的工具栏中，则上标和下标设定按钮出现在工具栏，关闭此对话框，完成了设定。在文字输入过程中，需要上下标时，先按“X^2”或“X_2”按钮，再输入上下标字符，然后再按一下“X^2”或“X_2”按钮，则又恢复到正常状态，可以继续后面文字的输入。

11. 快速输入字符

输入文本时，特殊字符输入通常是通过点击“插入”菜单，选择“符号”命令，在弹出的对话框内选择字体类型，再找到所需的字符后插入的。这种方法并不理想，原因是输入时双手都在键盘上，频繁使用鼠标无疑会降低录入速度。最简便的方法是将常用的字符定义成快捷键，例如经常输入的字符 α、β、γ、μ，通过点击“插入”菜单，选择“符号”命令，在打开的对话框中找到相应的字符，在对话框底部，点击“快捷键”按钮，将自定义的快捷键输入相应的栏内（通常为 Alt＋某字符组成组合键），再按“指定”按钮即可。自定义的快捷键应容易联想，便于记忆。这样在用到定义的特殊字符时，手不离键盘，即可进行快速输入。

12. 快速查找较长文档中的页码

在编辑长文档时，若要快速查找到文本的页码，可单击“编辑”→“定位”，在定位内容框中点击“页”，在输入页号栏中键入所需页码，再点击“定位”按钮即可。

13. 在文档打印预览时编辑文本

（1）在打印预览中显示要编辑的页面；

（2）用鼠标左键单击要编辑的位置；

（3）在“打印预览”工具栏上点击“放大镜”按钮，即可进行编辑。

14. “查找与替换”功能妙用

（1）快速替换特殊格式的字体。

例如：要将全文中的“电脑”一词改为粗体、红色、下划线。

操作方法：点击“编辑”下拉菜单，点击“替换”命令，启动替换功能，在“查找内容”中填入“电脑”。在“替换为”中填入“电脑”，选择“替换为”中的内容，并单击“高级”选项，打开“格式”菜单，将字体设为粗体、红色、下划线。单击“全部替换”按钮即可。

（2）通配符的妙用。

例如：要将全文书名号内的内容都设为楷体、红色。因为书名号的内容不一定相同，所以要使用通配符功能。

操作方法：击“编辑”下拉菜单，点击“替换”命令，启动替换功能，在“查找内容”中填入“《*》”（注：“*”可表示多个任意字符，“?”可表示一个任意字符），在“替换为”中点击鼠标，使光标定位，但不填入任何内容，再应用“高级”选项，将字体设为楷体、红色，并在“使用通配符”前打钩。单击“全部替换”按钮即可。

15. 输入生僻字

输入包含生僻字的名字时，一般用五笔、拼音、手写输入找不到。怎么办呢？有以下两种方法：

（1）利用 Windows 提供的“字符映射表”功能。具体操作为：用鼠标单击“开始”→“程序”→“附件”→“系统工具”→“字符映射表”，弹出“字符映射表”对话框，选一种常用字体，如宋体，选择其中所需文字，点击复制按钮，把该字符复制到剪贴板中，回到 Word 文档中，可粘贴使用。

（2）在 Word 文档中，通过“插入”→“符号”，打开“符号”对话框，选择字体“宋体”，子集“部首及难检字”，从众多符号中挑选出所需文字，单击“插入”按钮即可。

16. 巧用 Word 分节符

“节”是 Word 用来划分文档的一种方式。因为在编辑文档的时候，有时并不是整个文档的页面都采用相同的外观，所以引入“节”的概念。

分节符可包含以下信息：页面方向、页边距、分栏状态、纵向对齐方式、行号、页眉和页脚样式、页码、纸型大小等。

插入分节符的方法：选择“插入”→“分隔符”，弹出“分节符”对话框。然后选择合适的分节符类型，点击“确定”按钮即可。可以把分节符当作一种隐藏的代码，它包含了所在的位置之前页面的各种信息。

显示分节符：在我们最常用的“页面”视图模式下，通常是看不到分节符的。通过单击“常用”工具栏上的“显示/隐藏编辑标记”按钮，让分节符显示出来，分节符使用双行的虚线表示，同时括号里注明了该分节符的类型。

分节符的类型：在 Word 2003 中有 4 种分节符可供选择，它们分别是：“下一页”、“连续”、“奇数页”和“偶数页”选项。

下一页：在插入此分节符的地方，Word 会强制分页，新的“节”从下一页开始。如果要在不同页面上分别应用不同的页码样式、页眉和页脚文字，以及想改变页面的纸张方向、纵向对齐方式或者纸型，应该使用这种分节符。

连续：插入“连续”分节符后，文档不会被强制分页。但是，如果“连续”分节符前后的页面设置不同，例如纸型和纸张走向等，即使选择使用“连续”分节符，Word 也会在分节符处强制文档分页。而“连续”分节符的作用，主要是帮助用户在同一页面上创建不同的分栏样式或不同的页边距大小。尤其是当我们要创建报纸样式的分栏时，更需要连续分节符的帮助。

奇数页：在插入“奇数页”分节符之后，新的一节会从其后的第一个奇数页面开始（以页码编号为准）。在编辑长篇文稿，尤其是书稿时，一般习惯将新的章节题目排在奇数页，此时即可使用“奇数页”分节符。注意：如果上一章节结束的位置是一个奇数页，也不必强制插入一个空白页。在插入“奇数页”分节符后，Word 会自动在相应位置留出空白页。

偶数页：“偶数页”分节符的功能与奇数页的类似，只不过是后面的一节从偶数页开始，在此不再赘述。

17. Word自动翻页技巧

在Word中阅读较长的文章时，反复翻页很麻烦。可以通过以下方法解决：

(1) 打开文档，选择菜单“工具”→“宏”→“宏”。

(2) 在弹出的对话框中的“宏的位置”一栏选择“Word命令”，在“宏名”列表框中选择“AutoScroll”，点击“运行”按钮。

(3) 此刻，鼠标指针会自动跳到右边的滚动条上，鼠标指针在滚动条的上半部，则向上翻页，在下半部则向下翻页，放到中部则暂停翻页。鼠标越靠近两端，滚动的速度越快。若要关闭自动翻页功能，只要点一下鼠标，鼠标指针就会自动回到原来的位置。

如果需要经常使用此项功能，可将其添加到工具栏中，方法是：选择“工具”→“自定义”，选择“命令”选项卡，在“类别”栏中选择“所有命令”，然后从“命令”框中将“AutoScroll”拖到工具栏上，则工具栏出现“自动滚动”，单击即可启动自动滚动功能。

18. 两个Word文件合并为一个Word文件的最直接的方式

将两个Word文件合并为一个Word文件的最直接的方式：

(1) 打开第一个Word文档，单击要插入第二篇文档的位置。

(2) 单击“插入”菜单中的“文件”命令。

(3) 在“文件名”框中输入要插入文件的名称，点击“插入”，则第二篇文档的内容插入在所选定的位置。

注意：若只需插入文件的一部分，请单击“范围”按钮，然后在“范围”框中键入一个书签名。

19. 自动套用格式妙用

Word 2003提供了几十种预定义的表格格式。用户可以通过使用自动套用格式来美化自己的表格。自动套用格式可以应用在新建的空表上，也可以应用在已经输入数据的表格上。具体操作步骤如下：

(1) 将插入点置于要应用自动套用格式的表格内。

(2) 单击“表格”菜单的表格“自动套用格式”命令，出现“自动套用格式”对话框。

(3) 在“格式”列表框中，列出了所有预定义的表格式名。选择所要应用的格式名，在右边的预览区内，将显示相应的格式。

(4) 在“要应用的格式”区内，有5个复选框：“边框”、“底纹”、“字体”、“颜色”及“自动调整”，可以选择应用这些选项中的格式。

(5) 在“将特殊格式应用于”区内，有4个复选框：“标题行”、“末行”、“首列”、“末列”，这些选项可以决定将特殊格式应用于哪些区域。如需要对标题和末行进行强调，就可选中“标题行”和“末行”对标题行和末行应用特殊格式，单击“确定”按钮。

若要清除表格的自动套用格式，将插入点置于要清除自动套用格式的表格内；单击“表格”菜单的表格“自动套用格式”命令，打开“自动套用格式”对话框。从“格式”列表框中选择“无”选项，单击“确定”按钮。

20. 改变单元格的文字方向

默认情况下，单元格的文本是水平方向显示的，用户也可以使单元格中的文本变为纵向显示。方法如下：

(1) 选定要改变文字方向的表格单元格，如果是一个单元格，只需将插入点置于该单元格内。

(2) 单击“格式”菜单中的“文字方向”命令，出现“文字方向-主文档”对话框。

(3) 在“方向”框中选中所需的文字方向，在右边预览区显示出文字效果，单元“确定”按钮即可。

21. 单元格中文本的垂直对齐方式

如果要改变表格单元格中文本的垂直对齐方式，可按如下步骤进行：

(1) 选定要改变文字方向的表格单元格，如果是一个单元格，只需将插入点置于该单元格内。

(2) 单击“表格”菜单中的“表格属性”命令，弹出“表格属性”对话框，点击“单元格”选项卡。

(3)“垂直对齐方式”框中，选中“顶端对齐”、“ 居中”或“底端对齐”选项。

(4) 单击“确定”按钮。

另外，也可以在单元格中单击鼠标右键，当显示对话框中的“单元格对齐方式”按钮右边的向下箭头时，从下拉菜单中选中所需的对齐方式。

22. 设置斜线表头

在使用表格时，经常需要在表头（第一行的第一个单元格）绘制斜线，这时用户可以用“表格与边框”工具栏的“绘制表格”按钮，但使用 Word 2003 新提供的制作斜线表头功能更简单，更有效率。

如果要设置斜线表头，可以按以下步骤进行：

(1) 将插入点置于表格的第一个单元格中。

(2) 选择“表格”菜单中的“绘制斜线表头”命令，出现“插入斜线表头”对话框。

(3) 在“表头样式”列表框中选中需要的表头样式，下面的预览框中会显示相应的效果。

(4) 在“字体大小”列表框中选择表头字体的大小。

（5）在“行标题”、“ 列标题”等文本框中输入表头的文字，单击“确定”按钮。

23. 改变表格位置

在Word中，可以利用鼠标来改变表格的位置。单击要移动的表格，则表格的左上角将出现一个位置句柄，将鼠标指针移到位置句柄上，鼠标指针变成四向箭头形，按住鼠标左键拖动，将会出现一个虚框表示移动后的位置，移到所需位置后，放开鼠标右键即可。

也可以利用“表格属性”对话框，将表格定位到一个精确的位置，方法如下：

（1）插入点置于表格的单元格内。

（2）单击“表格”菜单中的“表格属性”菜单项，弹出“表格属性”对话框，再单击“表格”选项卡。

（3）在“对齐方式”区中，选择一种对齐方式：要使整个表格在页面上左对齐，单击“左对齐”选项。在“左缩进”文本框中可以精确设置表格与页左边界的距离。要使整个表格在页面上居中对齐，单击“居中”选项。要使整个表格在页面上右对齐，单击“右对齐”选项。

（4）单击“确定”按钮。

24. 表格文字环绕

表格也可以像图片一样让文字环绕，如果将表格拖放到段落的文字当中，文字就会环绕表格。

如果要精确设置表格的环绕方式，以及设置表格与文字之间的距离，可以按如下步骤进行。

（1）将插入点置于表格的单元格内。

（2）单击“表格”菜单中的“表格属性”菜单项，弹出“表格属性”对话框，再单击“表格”选项卡。

（3）在“文字环绕”区中，选择一种“环绕”选项。

（4）单击“定位”按钮，出现“表格定位”对话框。

（5）可以在出现的“水平”、“垂直”、“距正文”三栏中设置相应数值进行精确定位。

25. Word表格自动填充

编辑Excel工作表时，其提供的自动填充柄可以实现序列的自动填充，其实巧用Word提供的“编号”功能，也可以在Word表格中实现序列的自动填充。

（1）简单序号的填充。

如果只是想对表格中的单元格从1开始进行编号，“序号”列自动填充的实现方法是：

- 选择需要编号的单元格。
- 单击“格式”工具栏上的“编号”按钮。则选定单元格出现1、2、3…等按序列排序的数字。

(2) 复杂序号的填充。

如果表格“编号”列中，要实现从某个数字开始进行编号，方法如下：

- 选择需要编号的单元格。
- 在“插入”菜单中，单击“项目符号和编号”命令。
- 单击“编号”选项卡，单击“自定义”按钮。如果“自定义”按钮显示为灰色即不可用，请先单击除“无”以外的任意一种编号样式。
- 在“编号格式”框中键入编号起始数字，然后在“编号样式”框中选择“1，2，3，…”。
- 单击“确定”按钮。

(3) 相同文本的填充。

如果要在表格某一列批量填充相同文本，操作方法如下：

- 选择需要填充的单元格。
- 在“插入”菜单中，单击“项目符号和编号”命令。
- 单击“编号”选项卡，单击“自定义”按钮。
- 在“编号格式”框中键入“教师”，然后在“编号样式”框中选择“无”，单击“确定”按钮即可填充。

26. Word 巧妙移动表格行和列

在编辑表格的过程中，经常需要调整整行（列）到一个新的位置，平常我们习惯性的做法是先插入一个空白行（列），而后再把要移动的行（列）复制到空白行（列）。更为简单、实用的方法如下：

方法 1：首先选中要移动的行（列），把鼠标移动到选中的行（列）上，当指针变成箭头形状时，按下左键不放，上下（左右）拖动鼠标来移动行（列）。

方法 2：选中要移动的行（列），右击选择“剪切”，移动鼠标到其他位置，右击选择“粘贴行”（“粘贴列”），也可以完成行（列）的移动。

注：对于移动行，有一种更简单的方法。选中要移动的行，按下“Shift”和“Alt”键的同时，按下上下方向键，可以使行向上或向下移动。

27. 在 Word 中播放 MP3 音乐

在 Word 中播放 MP3 音乐的方法如下：

(1) 运行 Word 程序，点击“插入”菜单，选择“对象”选项，在弹出的“对象”对话框中选择“由文件创建”选项卡，在该选项卡中单击“浏览”按钮并通过文件夹切换选中需要播放的 MP3 音乐文件，单击“插入”按钮。

(2) 返回到“对象”对话框，同时勾选“链接到文件”和“显示为图标”，单击“确定”，会在当前文档中出现一个含有 MP3 音乐文件名的图标，只要双击那个图标，音乐即可响起。

需要注意的是：Word为安全着想，可能会弹出警告窗口等，请谨慎处理。

28. 妙用Word中的自动图文集输入个人信息

在工作和学习过程中使用Word，经常要重复输入自己的个人信息。如姓名、单位、地址、邮编、电话号码、电子信箱等信息。使用Word中的“自动图文集”可以快速地完成这些重复性操作。操作步骤如下：

(1) 录入要重复输入的文字内容，除了文本，还可以输入包括图片、段落格式等信息，例如，要输入以下内容：

姓名：珍妮

地址：陕西省西安市碑林区南院门1号

邮编：71000

电话：029-87896789

电子信箱：wjering@163.com

选中以上要输入的信息。

(2) 单击菜单项“插入”→“自动图文集”→“新建”。在弹出的创建“自动图文集”对话框的“请命名您的自动图文集”一栏中输入为“自动图文集”所命的名字，如“珍妮个人信息”。

(3) 输入完毕，新建的“珍妮个人信息”这个“自动图文集”，会出现在“插入”菜单中的“自动图文集”→“正文”中，通过点击该菜单可以输出自定义的图文格式。需要使用该信息时，可以输入自动图文集名，回车即可输入该图文集全部内容，或者通过执行“插入”菜单中的“自动图文集”→“正文”→“珍妮个人信息”，插入该自动图文集。

29. 用Word自制信封

(1) 选择纸型 。

选择“文件”菜单“页面设置”命令下的“纸型”选项，选择“A4”纸，在“页边距”选项选择“方向”为“横向”，然后单击“确定”按钮。

(2) 制作邮政编码栏。

在工具栏中单击“插入表格”，在“插入表格”的对话框中填入11列1行，在“自动调整操作”的“固定列宽”中输入“1厘米”，然后单击“确定”按钮。再分别选定表格的第2列，单击右键，在所弹出的右键快捷菜单中选择“表格属性”，在弹出的对话框中，将“列”的尺寸设置为“0.5厘米”，然后选择单击“下一列”，依次将第4、6、8、10列都设置为“0.5厘米”，最后，单击工具栏中的“橡皮”，把第2、4、6、8、10列的表格上下线擦去，邮政编码栏就制作完成了。

(3) 贴邮票栏的制作。

选择“插入”菜单的“文本框”的“横排”命令，这时会出现一个大的图形框，并写有“在此处建立图形”的文字，单击“撤销”按钮，这个画布区就会消失了，然后在纸张的右上角位置，单击并拖动鼠标，出现一个文本框，并在文本框中输入“贴邮票处”，字体为黑体四号字，接着双击文本框，在弹出的对话框中对“大小”选项中的“高度与宽度”都设置为“2.2 厘米”，在“文本框”中对“内部边距”的“左右”设置为“0.3 厘米”，“上、下”设置为“0.05 厘米”，然后单击“确定”按钮。

(4) 地址内容的制作。

只要将你的具体地址、联系电话、邮政编码，甚至 QQ 号或个人网址，都整齐地排列在这里即可。

(5) 空角的点缀。

信封的左下角可以添加喜好的图片为信封增色，通过 Word 内置剪贴画可以实现。选择“插入”→“图片”→“剪贴画”，在弹出的对话框中有许多各种类别的图片，选择喜欢的剪贴画，插入即可。

注意：由于 A4 纸高度为 21cm，所以信封的封皮和封皮背面以及粘贴部分为 21cm，因此所有的文字不得超过 10cm，否则信封上内容距所折边缘太近，甚至出现在背面。A4 纸宽度比信封长度长，这个尺寸可以自由掌握，一般控制在 20～25cm 之间比较适宜，即封皮正面内容保证在 20～25cm 内即可。

30. 快速删除页眉横线

在编辑 Word 文档时，常需要在文档中添加页眉页脚，但此时 Word 会自动在文字下方加一条横线。要去掉这根横线，有两种方法。

方法一：双击页眉区域，出现页眉编辑虚线框，选择“编辑”→“清除”→“格式”选项，则页眉中的横线消失，只留下文字信息。

方法二：双击页眉区域后，点击“格式”→“边框和底纹”，在“边框”标签页中的左侧边框“设置”中点击“无”，在右边“应用于”一栏中，选择“段落”，点击“确定”按钮，则页眉中的横线消失。

31. 如何添加水平分隔线

使用 Word 时，在一行的开始位置连续输入三个以上的“-”减号，按回车，会出现一行细水平分隔线。这就是 Word 的自动更正功能。利用这个功能能创作出许多漂亮的水平分隔线。

32. 改善图片的分辨率

在 Word 中绘制的图为矢量图，可以任意放大或缩小，而将它复制到 Photoshop 等图片编辑工具中后，实际是按照屏幕显示的大小进行复制的，而且转化为了位图，再放大或缩小会影响其分辨率。改善分辨率的方法为：

方法一：将原图在Word中拉大，越大越好，再拷贝到图片编辑软件中。

方法二：将该图片拷贝到一个新的空白Word文档中，另存为Web页。这样在与该Web页文件重名、扩展名为“files”的文件夹中，会找到你文档中编辑过的图片，一般至少有两个类似的图片文件，一个文件的扩展名为“gif”，另一个文件的扩展名为“wmf”，以“wmf”为扩展名的图片文件，就是需要的矢量图片，再把它插入到其他文档中使用就可以保证分辨率了。

33. 如何把Word文档转换成图形文件

运行Word，新建一个空白文档，打开资源管理器，将要转换的文档直接拖到新建的Word空白文档里，则被拖入的整个文档内容作为一个图片插入到新文档中。

34. Word文档加密技巧

方法一：首先打开需要加密的Word文档，选择“工具”菜单中的“选项”命令，在弹出的“选项”对话框中选择“安全性”标签，分别在“打开权限密码”和“修改权限密码”框中输入密码，点击“确定”按钮退出，最后将该文档保存即可。

注意：“打开权限密码”和“修改权限密码”可以相同也可以不同，设置“打开权限密码”是为了防止别人打开该文档，而设置“修改权限密码”是为了防止别人修改该文档，如果只设置“修改权限密码”，那么别人仍然可以打开该文档，但是如果不知道密码的话，并不能做任何修改。

方法二：录制一个新的宏。

（1）运行Word，选择“工具”→“宏”→“录制新宏”。弹出“录制宏”对话框，在“宏名”中输入“Autonew”，在“将宏保存在”中选择“所有文档（Normal. dot)”，点击“确定”按钮。

（2）选择“工具”→“选项”，在“选项”对话框中选择“安全性”，在“打开权限密码”中输入定义的通用密码，单击“确定”按钮，在弹出的“确认密码”对话框中，再次键入密码就行了，然后单击“确定”按钮。

（3）在Word菜单中依次选择“工具”→“宏”→“停止录制”。

（4）选择“文件”→“退出”，关闭Word，宏的录制工作完成。

在以后使用Word时，只需点击“新建空白文档”按钮，即可自动加密。

注：Word启动后自动新建的空文档不被加密，只有手工新建的文档才会自动加密。

35. 如何实现文档的自动保存

在Word中为了不丢失所编辑的文档，可以使用“自动保存”功能，在指定的时间间隔自动保存文档，最后用“保存”命令来保存文档。其操作如下：

（1）选择“工具”菜单中的“选项”命令；

（2）选择“保存”选项，在“保存选项”下面选中“自动保存时间间隔”复选框；

（3）在“分钟”框中选择自动保存文档的时间间隔（例如：5 分钟），单击“确定”按钮。

如此设置以后，每隔 5 分钟文档会自动保存一次。

36. 解决打开 Word 文档无响应

如果在进行 Word 文档编辑时，Word 没有响应，可能的原因和对策如下：

文件名过长：虽然 Word 文档可以使用最长为 255 个字符的长文件名，但实际上如果 Word 文档的文件名加上其完整路径的字符数超过了 223 个字符，则 Word 就已经不能对其进行打开操作了。此时，请缩短文件名，或将文件移动到靠近文件夹层次结构顶部的另一文件夹中，然后再重新尝试打开该文件。

磁盘可能已满：Word 每打开一个文档，都要同时生成一个以“＊＋原文件名”为名称的临时文件，并保存在与原文件相同的磁盘文件夹中，如果原文档所在磁盘空间已满，则无法存放该临时文件，从而引起 Word 没有响应的故障。此时，请尝试将文件移动到其他驱动器上，以获取更多的可用空间。

文档可能已经损坏：如果 Word 文档已经损坏，则在试图打开时 Word 会没有反应。这时，可以使用 Word 提供的专门的文件恢复转换器来恢复损坏文档中的文本。要恢复受损的 Word 文档中的文字，请按下述步骤操作：

（1）单击“工具”→“选项”→“常规”选项卡，选中“打开时确认转换”复选框，“确定”。

（2）单击常用工具栏中的“打开”，在“文件类型”下拉列表框中，选择“从任意文件中恢复文本”选项。如果在“文件类型”框中没有看到“从任意文件中恢复文本”选项，则需要安装相应的文件转换器。

（3）打开 Word 文档。在你使用文件转换器成功打开损坏文档后，可将它保存为 Word 格式或其他格式（例如文本格式或 HTML 格式），文档中的段落、页眉、页脚、脚注、尾注和域中的文字将被恢复为普通文字，但不能恢复文档格式、图形、域、图形对象和其他非文本信息。

重新启动 Word：如果故障出在刚刚给文档添加了大量的样式之后，请退出并重新启动 Word，然后重新尝试打开文件。如果 Word 本身已停止了响应，则应按下 Ctrl＋Alt＋Delete 组合键，系统弹出“关闭程序”对话框，单击其中的“Microsoft Word”程序，单击“结束任务”按钮，关闭停止响应的 Word 文档窗口。然后重新启动 Word，并尝试打开文件。

37. 使用 Word 朗读，实现轻松校对

编辑打印一份文档之后，校对文稿很麻烦。可以让 Word 朗读校对。

安装 Office 2003“语音输入”功能的具体方法如下：只要安装了“语音输入”功能，

Word 2003 就可以朗读 Word 文档，在通常的“典型”安装模式下，“语音输入”并没有随 Office 工具一起安装，需要另外添加。

（1）打开“控制面板”，双击“添加或删除程序”图标，选择“Microsoft Office Professional Edition 2003”，单击“更改”按钮，弹出“安装 Office 2003”对话框，选择“添加或删除功能”选项，单击“下一步”按钮，选中“选择应用程序的高级自定义”选项，单击“下一步”按钮，展开“Office 共享功能”→“中文可选用户输入方法”列表，将“语音输入”设置成“从本机上运行”，将 Office 2003 安装光盘（一定要是完整版）放入光驱，最后点击“开始更新”按钮完成“语音输入”的安装。

注：如果系统没有安装微软拼音输入法 2003，此处一定要将“微软拼音输入法 2003”设置成“从本机上运行”，否则“语音输入”安装不会成功。

（2）更改 Windows 缺省语音。

下面还要需要更改一下 Windows 的缺省语音，否则 Word 是不能朗读中文的。

打开“控制面板”，双击“语音”图标，单击“文本到语音转换”选项卡。在“语音选择”下拉列表中选择“Microsoft Simplified Chinese”，“确定”退出。

（3）实现朗读文本。

以上设置完成后，再运行 Word，“工具”菜单上多了一个“语音”命令。单击此命令，即会打开一个“欢迎使用 Office 语音识别”对话框，单击“下一步”，并按屏幕上的提示完成麦克风配置。最后单击的“语言栏”右下角的“选项”按钮，在弹出的快捷菜单中选择“讲述文本”。之后就会在语言栏上出现一个“讲述文本”的工具按钮。这时“讲述文本”的功能还不能立即使用，关闭 Word 再运行。打开一个文档，选中需要朗读的部分，单击语言栏“讲述文本”按钮，此时一个带有磁性的男中音就开始一字一句地朗读了（如不选中文本，则从光标处开始朗读）。当碰到标点符号时，Word 的朗读会自动停顿一会儿，然后再接着朗读。

若想调整 Word 2003 中语音朗读的速度，可以打开“控制面板”，双击“语音”图标，然后在“文本到语音转换”选项卡中拖动“语音速度滑块”即可。

第二章

Excel 实用技巧

1. 高效率使用 Excel

以下几个快速使用 Excel 的技巧可以提高 Excel 的使用效率。

(1) 快速启动 Excel。

若日常工作中要经常使用 Excel，可以在启动 Windows 时启动 Excel，设置方法如下：

1) 启动“我的电脑”进入 Windows 目录，依照路径“Start MenuPrograms 启动”打开“启动”文件夹。

2) 打开 Excel 所在的件夹，用鼠标将 Excel 图标拖到“启动”文件夹，这时 Excel 的快捷方式就被复制到“启动”文件夹中，以后 Windows 即可快速启动 Excel 了。

若 Windows 已启动，您可用以下方法快速启动 Excel。

方法一：双击电脑中任一 Excel 工作簿即可运行程序的同时运行 Excel。

方法二：选择 Excel 应用程序，单击右键，选择弹出快捷菜单中的“发送到”→“桌面快捷方式”，启动时只需双击其快捷方式即可。

(2) 快速移动或复制单元格。

先选定单元格，然后移动鼠标指针到单元格边框上，按下鼠标左键并拖动到新位置，然后释放按键即可移动。若要复制单元格，则在释放鼠标之前按下“Ctrl”键即可。

(3) 快速查找工作簿。

可利用在工作表包含的任何文字进行搜寻，操作方法如下：

1) 单击工具栏中的“打开”按钮，在“打开”对话框里，输入文件的全名或部分名，可以用通配符“?”或“*”代替文件名的字符；

2) 在“文本属性”编辑框中，输入要搜寻的关键字符；

3) 点击“开始查找”即可。

(4) 快速切换工作表。

按“Ctrl+PageUp”组合键可激活前一个工作表，按“Ctrl+PageDown”组合键可激活后一个工作表。还可用鼠标控制工作表底部的标签滚动按钮快速移动工作表的名字，然后单击工作表进行切换。

(5) 快速切换工作簿。

对于较少数量的工作簿的切换，可单击工作簿所在窗口。要对多个窗口下的多个工作簿进行切换，用“窗口”菜单最方便。“窗口”菜单底部列出了已打开了的工作簿的名字，要切换到某个工作簿，直接从“窗口”菜单选择其文件名即可。

“窗口”菜单最多能列出9个工作簿，如果多于9个，“窗口”菜单则包含一个名为“多窗口”的命令，选择该命令，则出现一个按字母顺序列出所有已打开的工作簿名字的对话框，只需单击需要打开的文件名即可。

（6）快速插入Word表格。

Excel可以处理Word表格中列出的数据，您可用以下方法快速插入Word表格：

1）打开Word表格所在的文件；

2）打开要处理Word表格的Excel文件，并调整好两窗口的位置，以便能看见表格和要插入表格的区域；

3）选中Word中的表格；

4）按住鼠标左键，将表格拖到Excel窗口中，松开鼠标左键将表格放在需要的位置即可。

（7）快速创建工作簿。

模板用来作为创建其他工作簿的框架形式，利用它可以快速地创建相同格式的工作簿。创建模板方法为：

1）创建一个要作为模板的工作簿；

2）选择“文件”菜单中的“另存为”命令，打开“另存为”对话框；

3）在“文件名”一栏中输入模板名称，从“保存类型”列表中选定“模板（*.xlt)”选项，此时“保存位置”会自动切换到默认的模板文件夹Templates文件夹；

4）在“保存位置”中选择“电子表格模板”文件夹，单击“保存”即可。

以后需要创建工作簿的时候，就可以通过使用模板达到快速创建工作簿。

2. 建立“常用文档”新菜单

在菜单栏上新建一个“常用文档”菜单，将常用的工作簿文档添加到其中，方便随时调用。

操作步骤：

（1）在工具栏空白处右击鼠标，选“自定义”选项，打开“自定义”对话框。在“命令”标签中，选中“类别”下的“新菜单”项，再将“命令”下面的“新菜单”拖到菜单栏。

按“更改所选内容”按钮，在弹出菜单的“命名”框中输入一个名称（如“常用文档”）。

（2）在“类别”下面任选一项（如“插入”选项），在右边“命令”下面任选一项（如“超链接”选项），将它拖到新菜单（常用文档）中，并仿照上面的操作对它进行命名（如“工资表”等），建立第一个工作簿文档列表名称。

重复上面的操作，多添加几个文档列表名称。

（3）选中“常用文档”菜单中的某个菜单项（如“工资表”等），右击鼠标，在弹出的快捷菜单中，选择“分配超链接→打开”选项，打开“分配超链接”对话框。通过按“查找范围”右侧的下拉按钮，定位到相应的工作簿（如“工资.xls”等）文件夹，并选中该工作簿文档。

重复上面的操作，将菜单项和与它对应的工作簿文档超链接起来。

（4）以后需要打开“常用文档”菜单中的某个工作簿文档时，只要展开“常用文档”菜单，单击其中的相应选项即可。

提示：尽管我们将“超链接”选项拖到了“常用文档”菜单中，但并不影响“插入”菜单中“超链接”菜单项和“常用”工具栏上的“插入超链接”按钮的功能。

3. 用不同颜色显示不同类型数据

在工资表中，让大于等于 3 000 元的工资总额以“蓝色”显示，大于等于 2 000 元的工资总额以“绿色”显示，低于 1 500 元的工资总额以“红色”显示。

操作步骤：

打开“工资表”工作簿，选中“工资总额”所在列，执行“格式”→“条件格式”命令，打开“条件格式”对话框。单击第二个方框右侧的下拉按钮，选中“大于或等于”选项，在后面的方框中输入数值“3000”。单击“格式”按钮，打开“单元格格式”对话框，将“字体”的“颜色”设置为“蓝色”。

按“添加”按钮，并仿照上面的操作设置好其他条件（大于等于 2 000，字体设置为“绿色”；小于 1 500，字体设置为“红色”）。

设置完成后，按下“确定”按钮。

4. 按需排序数据

如果你要将人员按其所在的部门进行排序，但是排序依据既不是按拼音顺序，也不是按笔画顺序，如何排序？可采用自定义序列来排序。

（1）执行“格式”→“选项”命令，打开“选项”对话框，进入“自定义序列”标签中，在“输入序列”下面的方框中输入部门排序的序列（如“市委办公厅，物价局，林业局，司法局，教育局”等），单击“添加”和“确定”按钮退出。

（2）选中“部门”列中任意一个单元格，执行“数据”→“排序”命令，打开“排序”对话框，单击“选项”按钮，弹出“排序选项”对话框，按其中的下拉按钮，选中刚才自定义的序列，按两次“确定”按钮返回，所有数据就按要求进行了排序。

5. 隐藏数据

部分单元格中的内容不想被浏览的时候，可以通过操作将它隐藏起来：

（1）选中需要隐藏内容的单元格区域，执行“格式”→“单元格”命令，打开“单元格格式”对话框，在“数字”标签的“分类”下面选中“自定义”选项，然后在右边“类型”下面的方框中输入“;;;”（三个英文状态下的分号）。

（2）再切换到“保护”标签下，选中其中的“隐藏”选项，按“确定”按钮退出。

（3）执行“工具”→“保护”→“保护工作表”命令，打开“保护工作表”对话框，设置好密码后，“确定”返回。

经过这样的设置以后，上述单元格中的内容不再显示出来，就是使用 Excel 的透明功能也不能让其现形。

提示：在“保护”标签下，请不要清除“锁定”前面复选框中的“√”号，这样可以防止别人删除你隐藏起来的数据。

6. 中、英文输入法自动切换

在编辑表格时，有的单元格中要输入英文，有的单元格中要输入中文，反复切换输入法实在不方便，可以设置让输入法进行智能化地调整。

选中需要输入中文的单元格区域，执行“数据”→“有效性”命令，打开“数据有效性”对话框，切换到“输入法模式”标签下，按“模式”右侧的下拉按钮，选中“打开”选项后，“确定”退出。

以后当选中需要输入中文的单元格区域中的任意一个单元格时，中文输入法自动打开，当选中其他单元格时，中文输入法自动关闭。

7.“自动更正”输入重复文本

输入数据的时候经常会频繁重复输入某些固定的文本，可以通过“自动更正”自动输入固定文本。

（1）执行“工具”→“自动更正”命令，打开“自动更正”对话框。

（2）在“替换”下面的方框中输入一个方便输入的字母组合，为了避免与其他字符混淆，尽量不要选择特殊的字母组合，例如输入“gb”（也可以是其他字符，用小写方便输入），在“替换为”下面的方框中输入“广播电视大学”，再单击“添加”，点击“确定”按钮。

（3）若要输入“广播电视大学”时，只要输入“gb”字符，并确认即可。

8. 为表头添加背景

只为工作表表头添加背景的方法：

（1）执行“格式”→“工作表”→“背景”命令，打开“工作表背景”对话框，选中需要作为背景的图片后，按下“插入”按钮，将图片衬于整个工作表下面。

（2）在按住“Ctrl”键的同时，用鼠标在不需要衬图片的单元格区域中拖拉，同时选中这些单元格区域。

（3）按“格式”工具栏上的“填充颜色”右侧的下拉按钮，在随后出现的“调色板”

中，选中“白色”，则选中区域被白色所填充，因此，只有未填充的表头单元格背景图片显示出来。

注意：单元格下面的背景图片是不支持打印的。

9. 连字符“&”合并文本

若要将多列内容合并到一列中，不需要利用函数，只需连字符“&”就能实现。

例如：假定需要将B、C、D三列合并到一列。

（1）在D列后插入两个空列，分别为E列、F列，然后在E1单元格中输入公式：=B1&C1&D1，点击公式栏对钩确定。

（2）点击选择E1单元格，利用填充柄的自动填充功能将上述公式复制到E列其他单元格，则B、C、D列的内容即被合并到E列对应的单元格中。

（3）选中E列，执行“复制”操作，然后选中F列，执行“编辑”→“选择性粘贴”命令，打开“选择性粘贴”对话框，选中其中的“数值”选项，点击“确定”按钮，则E列的内容作为数值型数据被复制到F列中。

（4）将B、C、D、E列删除，完成合并工作。

提示：完成第1、2步的操作，已经实现合并效果，但此时若删除B、C、D列，公式会出现错误。故第3步操作，将公式转换为不变的“值”。

10. 同时查看不同工作表中多个单元格内的数据

在编辑工作表（Sheet1）时，若需查看其他工作表中（Sheet2、Sheet3…）的单元格内容，可以通过Excel的“监视窗口”功能来实现：

执行“视图”→“工具栏”→“监视窗口”命令，打开“监视窗口”，单击其中的“添加监视”按钮，打开“添加监视点”对话框，用鼠标选中需要查看的单元格后，再单击“添加”按钮。重复前述操作，添加其他“监视点”。

这样，无论在哪个工作表中操作，只要打开“监视窗口”，即可查看所有监视点单元格内的数据。

11. 制定单元格输入文本长度

如果在该输入四位数的单元格中填入了一个两位数，或者在该输入文字的单元格中输入了数字的时候，Excel能自动判断并弹出警告信息，可以提升输入信息的准确性，具体操作举例如下：

为了输入统一和计算方便，希望“性别”都用两位数来表示。

（1）可单击“数据”菜单的“有效性”选项。在“设置”卡片“有效性条件”的“允许”下拉菜单中选择“文本长度”。

（2）在“数据”下拉菜单中选择“等于”且“长度”为“2”。同时，选择“出错警告”卡片中，将“输入无效数据时显示的出错警告”设为“停止”，并在“标题”和“错误信息”栏中分别填入“输入文本非法!”和“请输入两位数”的字样。

若在该单元格中输入的不是两位数时，Excel就会弹出警告对话框，提示出错原因，并直到输入了正确的数值后方可继续录入。

12. 成组填充多张表格的固定单元格

Excel除了拥有强大的单张表格处理能力，更适合在多张相互关联的表格中协调工作。要协调关联，首先需要同步输入。因此，在很多情况下，都会需要同时在多张表格的相同单元格中输入同样的内容。

表格进行成组编辑的方法如下：

(1) 首先单击第一个工作表的标签名“Sheet1”，然后按住“Shift”键，单击最后一张表格的标签名“Sheet3”，若关联的表格不连续，可按住“Ctrl”键进行点击选择。

(2) 当看到Excel标题栏上的名称出现了“工作组”字样，就可以进行对工作组的编辑工作了。在需要一次输入多张表格内容的单元格中输入内容，则“工作组”中所有表格同一位置都显示出相应内容了。

如果需要将多张表格中相同位置的数据统一改变格式，首先，要改变第一张表格的数据格式，再单击“编辑”菜单的“填充”选项，然后在其子菜单中选择“至同组工作表”。此时，Excel会弹出“填充成组工作表”的对话框，选择“格式”一项，点击“确定”后，则同组中所有表格该位置的数据格式都发生改变了。

13. 改变文本的大小写

Excel提供了三种有关文本大小写转换的函数。它们分别是：“=UPPER(源数据格)”，将文本全部转换为大写；“=LOWER(源数据格)”，将文本全部转换成小写；“=PROPER(源数据格)”，将文本转换成“适当”的大小写，如让每个单词的首字母为大写等。例如，在一张表格的某一单元格中输入小写的“excel”，然后在目标单元格中输入“=UPPER(A1)”，则回车后得到的结果将会是“Excel”。同样，如果在A1单元格中输入“mr. wangjin”，然后我们在目标单元格中输入“=PROPER(A1)”，那么得到的结果就将是“Mr. Wangjin”了。

14. 提取字符串中的特定字符

除了直接输入数据，从已存在的单元格内容中提取特定字符输入，是省时省事的方法，特别是对一些样式相同的信息更是如此。

如果要快速从某一单元格中提取数据的话，可以使用“=RIGHT(源数据格，提取的字符数)”函数，例如：=RIGHT(A1，2)，它表示从A1单元格最右侧的字符开始提取2个字符输入到当前单元格位置。如果使用“=LEFT(源数据格，提取的字符数)”函数，例如：=LEFT(A1，3)，它表示从A1单元格最左侧的字符开始提取3个字符输入到当前单元格位置。如果不从左右两端开始，而是直接从数据中间提取几个字符。比如要想从A5单元格中提取两个字时，只需在目标单元格中输入“=MID(A5，3，2)”即可，则在A5单元格中提取第3个字符后的两个字符，也就是第3和第4两个字。

15. 表格隔行变色

浏览数据量大，表格较长的Excel表格时，极容易出现看错行的情况，如能隔行填充一种颜色，则可避免此种情况。通过Excel的条件格式和函数可以实现隔行换色，具体操作方法如下：

(1) 打开Excel文档，选中需要隔行换色的区域，执行“格式”→“条件格式”命令，在弹出的“条件格式”对话框中单击“条件1(1)”方框下方的下拉按钮，在弹出的下拉列表中选择“公式”选项，并在其右的方框中输入公式“=MOD(ROW(),2)=0”。

(2) 单击“格式”按钮，在弹出的“单元格格式”对话框中，选择“图案”选项，然后在“单元格底纹”区域的“颜色（C)”标签下选择任一种颜色，如绿色，单击“确定”按钮即可实现Excel表格隔行换色的效果。

16. 快速输入复杂序号

有时候我们需要输入一些比较长的产品序号，如1160201001、1160201001、1160201001…，即前面的数字都是一样的，只是后面的按照序号进行变化。此类序号快速输入方法如下：

选中要输入这些复杂序号的单元格，接着点击菜单“格式”→“单元格”，在弹出的对话框中点击“数字”标签，在分类下选择“自定义”，输入“"1160201"000”，完成后点击“确定”按钮。

输入时只需在选中的单元格中输入1、2、3…序号时，就会自动变成设置的复杂序号了。

如果数据中含有固定的文本，例如前几个字都是“西安世界园艺博览会”，那么也可以在这个自定义的“类型”输入框中输入“"西安世界园艺博览会"@”。在输入数据时只要输入序号这几个字就可以自动添加了，例如，在单元格输入“1”，则出现“西安世界园艺博览会1”。

17. 几个小技巧

(1) 行列转置：选择要复制的区域，然后在要粘贴的地方选择“编辑”→“选择性粘贴”，勾选“转置”，则行变成了列，列变成了行。快捷键为：选中，“Ctrl+C”，单击目的地，“Alt+E”，“s”，“Alt+E”，回车。

(2) 公式转化成数值：有时使用公式算出结果后，想要删除源数据，但又要保留结果，则可以先选中计算结果，复制到指定区域，点击“编辑”→“选择性粘贴”，选择“数值”后确定。快捷方式为：“Ctrl+C”，“Alt+E”，“s”，“v”，回车。

（3）网页上的CSV快速输入到Excel：直接复制所有内容，打开Excel，“编辑”→“选择性粘贴”，选文本，点击“确定”，然后单击粘贴区域右下方的粘贴图标，选择使用文本导入向导，适当选择即可。

（4）隐藏工作表。“选择格式”→“工作表”→“隐藏”，即可将当前显示的工作表隐藏起来。一些常量值、列表数据、计算中的临时变量等，都可以放在一个临时工作表中，制作完成后将临时工作表隐藏起来，就不会影响表格美观。

18. 错误信息判断和数据修改

在Excel中输入公式后，有时在单元格内显示一些错误信息，下面说明几种常见的错误信息，并给出了避免出错的方法。

（1）错误信息：####

出错原因：单元格中输入的数据过长或单元格公式所产生的数据长度过长，致使结果在当前单元格列宽条件下不能完全显示，还有可能是日期和时间格式的单元格进行减法运算，出现负值。

解决办法：增加列宽，使数据能够完全显示。若是因日期、时间相减产生负值引起，可改变单元格格式，如改为文本格式，结果为负的时间量。

（2）错误信息：#DIV/0!

出错原因：试图除以0。这个错误产生的原因包括：除数为0，在公式中除数使用了空单元格或是包含零值单元格的单元格引用。

解决办法：修改单元格引用，或在用作除数的单元格中输入不为零的值。

（3）错误信息：#REF!

出错原因：删除了被公式引用的单元格范围。

解决办法：恢复被引用的单元格范围，或是重新设定引用范围。

（4）错误信息：#VALUE!

出错原因：输入引用文本项的数学公式。如果使用了不正确的参数或运算符，或者当执行自动更正公式功能时不能更正公式，都将产生错误信息#VALUE!。

解决办法：确认公式或函数所需的运算符或参数正确，并且公式引用的单元格中包含有效的数值。

（5）错误信息：#NAME?

出错原因：在公式中使用了Excel所不能识别的文本，比如输错名称，或是输入已删除的名称，如果没有将文字串括在双引号中，也会产生此错误信息。

解决办法：若是使用了不存在的名称而产生错误，应确认使用名称确实存在；将文字串括在双引号中；确认公式中使用的所有区域引用都使用了冒号（:）。

（6）错误信息：#N/A

出错原因：无信息可用于所要执行的计算。在建立模型时，用户可以在单元格中输入

＃N/A，以表明正在等待数据。任何引用含有＃N/A值的单元格都将返回＃N/A。

解决办法：在等待数据的单元格内填充上数据。

(7) 错误信息：＃NUM!

出错原因：提供无效参数给工作表函数，或公式的结果太大或太小而无法在工作表中表示。

解决办法：确认函数中使用的参数类型正确。如果是公式结果太大或太小，需要修改公式，使其结果在－1×10 307和1×10 307之间。

(8) 错误信息：＃NULL!

出错原因：在公式中的两个范围之间插入一个空格以表示交叉点，但这两个范围没有公共单元格。比如输入："＝SUM(B1:B10 C1:C10)"，就会产生这种情况。

解决办法：取消两个范围之间的空格。可改为"＝SUM(B1:B10,C1:C10)"。

模拟试题及答题步骤

模拟试题

模拟试题一

1. 在使主题中将 Windows 外观设置为 Windows XP 样式。

2. 请使 Outlook Express 收件箱中显示乱码的中文邮件正常显示。

3. 请考生按照如下要求进行操作：

- 在 F：\ EXAM 目录下建立 EXAM1 文件夹；
- 将 E：\ MYFILE 目录下的 FILE163 文件夹设置为“隐藏”属性；
- 将 D：\ ABC 目录下的 ABC1 文件夹删除。

4. 请考生按照如下要求进行操作：

- 将 C：\ KS 目录下的 FILE22. txt 文件移到 D：\ KS 目录下的 FILE11 文件夹下；
- 将 E：\ ST 目录下的 A1. txt 文件更名为 B2. txt；
- 将 F：\ KS 目录下的 ABC. txt 文件设置为“隐藏”属性。

5. 打开资源管理器，完成以下操作：

- 在 D：\ KS 文件夹下创建一个名为 AB9 的文件夹；
- 将 D：\ KS 文件夹下的 KS1. txt 及 KS5. txt 文件复制到 AB9 文件夹下；
- 将 FILE3. txt 移动到 D：\ KS 文件夹下的 MYFILE 文件夹下；
- 将 FILE4. txt 文件设置成“只读”属性并去掉“存档”属性；
- 删除 D：\ KS 文件夹下的 AB 文件夹；
- 将系统设置成“显示所有文件”后，去掉 FILE. txt 文件“隐藏”属性；
- 利用查找功能查找 DATA 文件，并改名为 DATA1. txt。

6. 打开素材文件，并完成下面操作：

- 在文字“……Microsoft Office Online 的信息以显示这些链接的新列表，”后添加“这不会中断您正在进行的工作。”文字段；
- 将第一行标题文字设置为黑体、三号、加粗、居中；
- 将正文中的所有中文改为楷体 _ GB2312、四号；
- 保存文档。

素材：（

Microsoft Office Online 特色链接

Microsoft Office Online 特色链接是您从 Microsoft Office Online 获得最新信息的来

源，这将有助于您使用 Office 提高您的生产效率，并提供有关 Office 常见问题的解答。Microsoft 经常会对客户反馈的意见给予答复，这些特色链接是从您的 Office 程序中获得有关 Office 最新和更新信息的最佳途径。如果您已打开一个从 Microsoft Office Online 定期将超链接列表下载到您的计算机硬盘的选项，当连接到 Internet 时，Office 程序将定期访问 Microsoft Office Online 的信息以显示这些链接的新列表。

)

7. 打开素材文件，并完成下面操作：

● 将第一段中的“片片的蝴蝶”替换为“翩翩的蝴蝶”；

● 将第一段中的“庄周在清晓的梦中，幻化成片片的蝴蝶迷离飞舞。”复制到文章最后，另起一段；

● 将当前文章的最后一段文字字体效果设置为阳文；

● 保存文档。

素材：(

绮丽的瑟啊，为什么没有端由的有着五十根琴弦？每一根琴弦、每一根柱，使我想起已然碾的美好岁月。这心情仿佛庄周在清晓的梦中，幻化成片片的蝴蝶迷离飞舞。

也或许像古代蜀国君主望帝那样，将满腔心事多付给哀鸣啼血的杜鹃。当明月照耀，苍茫的大海中，我已分不清那究竟是晶莹的珍珠或鲛人的泪水。暖日暴晒，蓝田因为有美玉蕴藏，地面升起阵阵轻烟。所有的情感，不管再怎么美好，只怕都将成为记忆罢。心头浮现往日情事的时候，才觉得一片惆怅、惘然。

)

8. 打开素材文件，并完成下面操作：

● 在表格中的第二行上方插入一行，并以表中原有内容的字体、字号和格式添加下列内容：张芬、92、76、89、257；

● 将表格外框线改为 1.5 磅单实线，内框线改为 1 磅单实线；

● 保存文档。

素材：(

姓名	数学	语文	英语	总分
张小勇	76	88	92	256
刘晶	80	94	78	252
李科	81	85	69	235

)

9. 打开素材文件，并完成下面的操作：

● 设置打印页码范围为第一页和最后一页；

● 设置打印份数为 2；

● 保存文档。

素材：(

使用 Word 朗读实现轻松校对

编辑打印一份文档之后，校对文稿很麻烦。可以让 Word 朗读校对。具体方法如下：

安装 Office2003“语音输入”功能

只要安装了“语音输入”功能，Word 2003 就可以朗读 Word 文档，在通常的“典型”安装模式下，“语音输入”并没有随 Office 工具一起安装，需要另外添加。

（1）打开“控制面板”，双击“添加或删除程序”图标，选择“Microsoft Office Professional Edition 2003”，单击“更改”按钮，弹出“安装 Office 2003”对话框，选择“添加或删除功能”选项，单击“下一步”按钮，选中“选择应用程序的高级自定义”选项，单击“下一步”按钮，展开“Office 共享功能”→“中文可选用户输入方法”列表，将“语音输入”设置成“从本机上运行”，将 Office 2003 安装光盘（一定要是完整版）放入光驱，最后点击“开始更新”按钮完成“语音输入”的安装。

注：如果系统没有安装微软拼音输入法 2003，此处一定要将“微软拼音输入法 2003”设置成“从本机上运行”，否则“语音输入”安装不会成功。

（2）更改 Windows 缺省语音。

下面还要需要更改一下 Windows 的缺省语音，否则 Word 是不能朗读中文的。

打开“控制面板”，双击“语音”图标，单击“文本到语音转换”选项卡。在“语音选择”下拉列表中选择“Microsoft Simplified Chinese”，确定退出。

)

10. 将素材文件打开，完成下列操作：

- 将标题文字效果设置为阴文；
- 删除正文第三段第一句话“使用最新关键更新和安全修补程序更新计算机，”；
- 在第二段前插入“❖”符号（字符：Wingdings，118）；
- 设置正文第一段首字下沉 3 行，距正文 0.8 厘米；
- 保存文档。

素材：(

安全性与个人信息

通过采取以下预防措施，可以减少计算机感染病毒的危险：

使用 Office 中的默认安全设置，Office 2003 是迄今为止最为安全的 Office 版本。它具有本地安全设置，可以保护程序和数据免受病毒攻击。Microsoft 建议不要将 Office 默认设置更改为更低的安全设置。

使用最新关键更新和安全修补程序更新计算机，最简便的方式就是访问保护您的 PC 网站，该网站通过使用 Internet 防火墙（防火墙：提供安全系统的硬件和软件组合，通常用于阻止用户从外部对内部网络或 Intranet 进行未经授权的访问。）为您提供指导，使用 Windows Update 网站和最新防病毒软件更新 Microsoft Windows®操作系统。

)

11. 在 Excel 中完成下面的操作：

- 打开素材文件；
- 利用函数分别在“工资总额”和“平均工资”右侧的单元格内（C7 和 F7 单元格）计算出“工资总额”和“平均工资”；
- 同名存盘。

素材：(

	A	B	C	D	E	F	G
1	工人情况表						
2	编号	姓名	性别	年龄	籍贯	工龄	工资
3	1	张小然	男	28	陕西	11	980
4	2	王珍珍	女	25	河南	9	880
5	3	刘思宏	男	32	广东	15	1028
6							
7		工资总额			平均工资		

)

12. 打开当前试题目录下的“Exlt134. xls”文件，在 Sheet1 工作表中完成如下操作：
- 将第一行的行高调整为 25，字号调整为 16；
- 使 A1:E1 单元格区域合并，以及所显示的内容居中；
- 把 2 到 5 行的行高调整为 20；
- 把 B3:D5 区域内的数据调整为居中显示；
- 保存文件。

素材：(

	A	B	C	D	E
1	国家在陕西地区电信投资表（单位：亿元）				
2	地区	2009年投资额	2010年投资额	2011年投资额	合计
3	西安	310	400	601	
4	汉中	180	240	352	
5	宝鸡	260	280	408	

)

13. 打开当前试题，在工作表 Sheet1 中完成以下操作：
- 计算各学生的平均分（结果保留一位小数）；
- 在 B11 单元格中用函数统计出学生人数；
- 把所有学生的姓名一列和数学成绩一列用簇状柱形图表示出来，图表存放到 Sheet1 中，图表如样张所示；
- 保存文件。

素材：(

	A	B	C	D	E	F	G	H	I	J
1	考号	姓名	年龄	语文	数学	物理	化学	英语	体育	平均分
2	1001001	学生1	13	73	56	53	32	61	29	
3	1001002	学生2	13	95	87	41	30	103	28	
4	1001003	学生3	14	76	51	39	19	81	18	
5	1001004	学生4	15	73	21	20	12	31	20	
6	1001005	学生5	14	78	60	40	26	72	30	
7	1001006	学生6	13	81	52	23	15	33	20	
8	1001007	学生7	14	62	47	18	17	54	23	
9	1001008	学生8	14	96	64	43	22	96	22	
10	1001009	学生9	14	74	26	13	11	44	27	
11	学生人数									

样张：

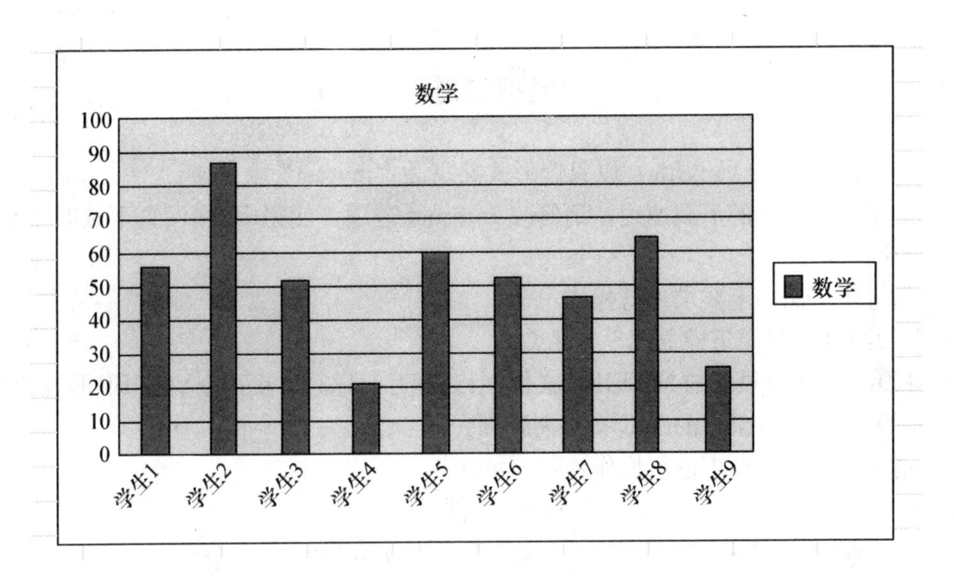

)

14. 在 Excel 中完成下面的操作：

- 打开当前试题目录下的素材文件；
- 隐藏“通信录”工作表；
- 将“成绩表”工作表标签设为绿色；
- 将“成绩表”工作表标签名称改为“成绩资料”；
- 同名存盘。

素材：（

）

15. 打开当前试题目录下的素材文件，在工作表 Sheet1 中完成以下操作：

- 用填充柄自动填充“序号”，从“20111001”开始，按顺序填充；
- 将年龄一列移动到奖金列的左侧；
- 保存文件。

素材：（

	A	B	C	D	E	F	G
1	序号	姓名	性别	奖金	职称	工资	年龄
2		人员1	女	660	助理工程师	1200	22
3		人员2	女	1346	事业部总经理	4800	43
4		人员3	女	1670	项目经理	3600	28
5		人员4	男	2125	财务总监	3950	33
6		人员5	女	2750	总裁	4800	49
7		人员6	女	665	财务部会计	1300	37
8		人员7	男	1560	高级工程师	3600	53
9		人员8	女	1340	工程师	3200	46
10		人员9	女	666	助理工程师	1200	28
11		人员10	男	720	财务部会计	1400	32
12		人员11	男	666	助理工程师	1200	30

）

模拟试题二

1. 将文件夹（D:\myfile）以只读形式共享为“mytest”文件夹。

2. 为了加快网页的下载速度，请修改Internet选项，使得IE在网页下载时不显示网页上的图片。

3. 请考生按照如下要求进行操作：

● 在D:\123目录下建立KS文件夹；

● 将D:\246目录下的MYFILE文件夹移到D:\123目录下的YOUFILE文件夹下；

● 将D:\KS1目录下的WE文件夹删除。

4. 请考生按如下要求进行操作：

● 在D:\ABC目录下建立ONLY.txt文件；

● 将D:\ABC目录下的AND.txt文件更名为OR.txt；

● 将D:\PAPER目录下的DESK.txt文件设置为“隐藏”和“只读”属性。

5. 打开资源管理器，完成以下操作：

● 在D:\DD文件夹下创建一个名为AB的文件夹；

● 将D:\DD文件夹下的ST.txt及PER.txt文件复制到AB文件夹下；

● 将STYOU.txt移动到D:\DD文件夹下的YOUFILE文件夹下；

● 将STWE.txt文件设置成“只读”属性并去掉“存档”属性；

● 删除D:\DD文件夹下的TEACHER文件夹；

● 将系统设置成“显示所有文件”后，去掉ME.txt文件的“隐藏”属性；

● 利用查找功能查找HELLO文件，并改名为WORLD.txt。

6. 打开当前试题目录下的素材文件，并完成下面操作：

● 将第一行标题文字设置为宋体、四号、加粗、居中，设置标题文字为方框边框和图案样式为30%的底纹，应用范围为文字；

● 正文为宋体小四号且第一句带下划线双线，第二句带下划线单线；

● 保存文档。

素材：（

计算机的应用

计算机是一种具有内部存储能力、由程序控制操作过程的自动电子设备。它主要由输入设备、输出设备、存储器、运算器、控制器等几部分组成。

）

7. 打开当前试题目录下的素材文件，并完成下面操作：

● 将第一行标题文字设置为黑体、四号、加粗、居中；

● 正文中所有文字设置为黑体、小四号、加单下划线；

● 用符号“symbol字符167”来替换字符“*”；

● 保存文档。

素材：（

＊＊建筑艺术＊＊

建筑艺术是表现性艺术，通过面、体形、体量、空间、群体和环境处理等多种艺术语言，创造情绪氛围，体现深刻的文化内涵。

)

8. 打开当前试题目录下素材文件，并完成下面操作：

● 将表格外框线设置为 1.5 磅单实线，内框线设置为 1 磅单实线；

● 表格中的中文设置为黑体、小四号、加粗；

● 表格内容水平垂直居中；

● 保存文档。

素材：(

品名	型号	单价	数量	金额
索尼相机	P-II	10000	10	100000
兄弟打印机	LQ1600K	4000	9	36000
紫光扫描仪	SM600	3000	5	15000

)

9. 打开当前试题目录下的素材文件，并完成下面操作：

● 设置第一段首字下沉 2 行，首字的字体设置为“华文行楷”，颜色为红色；

● 设置第二段段落首行缩进 2 个字符，左、右各缩进 0.8 字符，1.5 倍行距，段前、段后各设置 2 行；

● 把所有“摸板”两字替换为“模板”，“ 模板”两字格式为倾斜、四号、绿色并加波浪线。

● 保存文档。

素材：(

在 Microsoft Publisher 中，“新建”任务窗格称为“新建出版物”。

在“新建出版物”任务窗格中的“根据设计方案新建”下，单击“摸板”。然后在“预览库”中，单击所需摸板。请注意，只有在计算机上保存有摸板时才会显示“摸板”链接。

)

10. 打开当前试题目录下的素材文件，并完成下面操作：

● 将标题文字效果设置阴文；

● 在“个人住房贷款 1 至 5……”前插入“❒”符号（字符：wingdings，114)；

● 设置正文第一段首字下沉 2 行，距正文 0.9 厘米；

● 将文章最后五行转换为五行五列的表格，表格自动套用格式为网格型 3；

● 保存文档。

素材：(

房贷期限

从 9 月 21 日起申请个人住房货款的消费者都能享受到银行的最新政策：期限延长到 30 年，利率同时降低。中国人民银行的这项决定，已经在京城开办住房贷款业务的银行得到落实。

个人住房货款 1 至 5 年月均还款金额表

货款年限（年）	年利率（%）	还款总额	利息负担总和	月均还款额
5	5.31	11408.40	1408.40	190.14
10	5.58	13070.40	3070.40	108.92
20	5.58	16617.60	6617.60	69.20
30	5.58	20620.80	10620.80	57.28

）

11. 打开当前试题目录下的素材文件，在 Sheet1 工作表中完成以下操作：

• 求各学生的平均分（结果保留一位小数）；

• 筛选学生平均分不低于 70 同时语文成绩不低于 80 的所有记录，并将筛选结果复制到 Sheet2 表中 A1 开始的单元格中；

• 保存文件。

素材：（

	A	B	C	D	E	F	G	H	I	J
1	学号	姓名	语文	数学	英语	生物	历史	政治	地理	平均分
2	11	学生1	99	69	98	60	74	77	64	
3	12	学生2	93	35	54	42	62	84	44	
4	13	学生3	105	60	86	80	75	88	81	
5	14	学生4	93	40	47	48	76	84	61	
6	15	学生5	101	44	72	51	77	92	66	
7	16	学生6	77	98	92	62	76	84	87	
8	17	学生7	91	35	69	42	57	82	41	
9	18	学生8	67	17	25	37	39	72	54	
10	19	学生9	90	41	88	82	74	86	73	
11	20	学生10	95	50	43	68	59	79	53	
12	21	学生11	77	42	18	34	64	78	37	
13	22	学生12	102	46	76	40	70	93	59	

）

12. 在 Excel 中完成下面的操作：

• 打开当前试题目录下的素材文件；

• 根据工作表中的数据，在 C4 单元格内键入数据“3562400”；

• B 列、C 列数字都以单元格格式中货币类的“￥”货币符号、小数点后 2 位小数表现（如：￥3,200,000.00）；

• 将所有数据拷贝到 Sheet2 中相应的位置，并按关键字“增长率”递增排序；

• 同名存盘。

素材：（

	A	B	C	D
1	电子产品销售趋势			
2		2010	2011	增长率
3	mp3	3,130,000.00	3,200,000.00	2%
4	mp4	2,941,000.00		21%
5	数码相机	2,754,600.00	3,056,000.00	11%
6	摄像机	2,015,200.00	3,521,200.00	75%

）

13. 打开当前试题目录下的素材文件，在 Sheet1 工作表中完成以下操作：

- 计算各学生的总分；
- 用函数求出各学科最高分；
- 以姓名和总分为数据源，建立簇状柱形图，图形插入到 Sheet1 中，结果如样张所示；
- 保存文件。

素材：（

	A	B	C	D	E	F	G
1	学号	姓名	物理	数学	语文	英语	总分
2	1	学生1	71	56	63	77	
3	2	学生2	67	76	85	93	
4	3	学生3	55	85	97	90	
5	4	学生4	91	78	67	88	
6	5	学生5	88	60	84	67	
7	6	学生6	67	77	79	79	
8	7	学生7	82	93	65	79	
9	8	学生8	70	81	76	87	
10	9	学生9	65	45	84	68	
11	10	学生10	85	65	92	49	
12	11	学生11	97	68	73	84	
13	12	学生12	58	82	54	64	
14	学科最高分						

）

14. 打开当前试题目录下的素材文件，在 Sheet1 工作表中完成以下操作：

- 计算出每件商品的总价，总价＝单价＊数量；
- 以名称作为分类轴，以数量作为数值轴，用饼图表示出来，把它存放在数据表下面；
- 保存文件。

素材：（

	A	B	C	D	E
1	编号	名称	单价	数量	总价
2	001	篮球	72	15	
3	002	羽毛球	9	28	
4	003	足球	79	16	
5	004	跳绳	6	16	
6	005	排球	24	12	
7	006	铅球	88	20	

）

15. 打开当前试题目录下的“exlt14. xls”，在 Sheet1 工作表中完成以下操作：

- 用填充柄自动填充“月份”，从“十一月”开始，按照顺序向下填充；
- 将“地区 1”一列移动到“地区 3”一列的右侧；
- 保存文件。

素材：（

	A	B	C	D	E
1	温度变化情况				
2	时间	地区1	地区2	地区3	地区4
3	十一月	-11	-10	-5	-1
4	十二月	-20	-12	-7	-6
5		-8	-4	0	2
6		4	1	9	19
7		27	16	18	26
8		34	25	27	31

)

模拟试题三

1. 请将任务栏设置为自动隐藏（允许任务栏可被调整）。

2. 在 outlook express 进行如下操作：

将一封收件箱中来自 admini@qq. com 主题为 hello world! 的电子邮件转发给 st1@qq. com 和 st2@lc. com，抄送给原发件人并将主题改为 funny day。

3. 请考生按如下要求进行操作：

- 在 C：\ KS 目录下建立名为 ST4 的文件夹；
- 将 D：\ SEE 目录下的 LIKELY120 文件夹重命名为 FILE120；
- 将 F：\ ABC 目录下的 ABC8 文件夹复制到 D：\ SEE 目录下。

4. 请考生按如下要求进行操作：

- 在 C：\ FILE 目录下建立 SUPER2. txt 文件，输入："WINDOWS 帮助信息获取方法"，保存后退出；
- 将 D：\ DATE1 目录下的 FILE2. txt 文件复制到 C：\ FILE 目录下；
- 将 D：\ DATE2 目录下的 FILE3. txt 文件更名为 YOU3. txt。

5. 打开资源管理器，完成以下操作：

- 在 D：\ KS 文件夹下的 ABC 下创建一个名为 AB 的文件夹；
- 将 D：\ KS 文件夹下的 ST1. txt 及 ST4. txt 文件移动到 AB 文件夹中；
- 将 D：\ KS 文件夹下的 ST3. txt 文件复制到 D：\ KS1 文件夹中并更名为 KSYOU3. txt；
- 去掉 ST3. txt 的"存档"属性；
- 删除在 D：\ KS 文件夹下的 ST5. txt 文件；
- 将系统设置成"显示所有文件"后，并去掉 ST2. txt 文件的"隐藏"属性；
- 搜索 YOUWORD 文件并改名为 ST10. txt。

6. 打开当前试题目录下的素材文件，并完成下面操作：

- 为文字"莫高窟属全国重点文物保护单位……以精美的壁画和塑像闻名于世。"添加单下划线；
- 将第一行标题文字设置为黑体、三号、加粗、居中；
- 正文中所有中文字改为楷体 _ GB2312、四号；
- 保存文档。

素材：（

莫高窟

莫高窟是世界现存佛教艺术的伟大宝库，也是世界上最长、规模最大、内容最为丰富的佛教画廊之一。莫高窟属全国重点文物保护单位，俗称千佛洞，被誉为20世纪最有价值的文化发现，坐落在河西走廊西端的敦煌，以精美的壁画和塑像闻名于世。

）

7. 打开当前试题目录下的素材文件，并完成下面操作：

- 将第二段最后的“简慢减弱”替换成“渐慢渐弱”；
- 将最后三段文字设为空心字；
- 在文章第二段结尾处插入当前试题目录下的图片“1.jpg”，设置为紧密型环绕方式。
- 保存文档。

素材：（

奥地利一直是我心中的音乐之都，如今真的踏上奥地利的土地，竟有几分朝拜的感觉，到音乐的圣殿去呼吸音乐的空气，感受音乐的魅力，寻找音乐的灵魂，这是我多年的梦想了。

隔着大巴车的玻璃窗，浏览维也纳的街区，细细寻觅音乐的痕迹。在迷茫的街灯下，高大古典的建筑，空旷静谧的街区，稀落寂寥的车影，似乎是一支怀旧长歌的结尾，进入简慢减弱的意境。

想象中，该从那楼群中的每一扇窗口，流淌出怡人的音乐，可是，维也纳的夜静悄悄地，没有激昂的交响乐，也没有缠绵的小夜曲，好像只有一种来自久远的惆怅，在这所安静的城市中徘徊。

那一夜，我们住在维也纳郊外，旅途的疲惫使我们悠然入睡，竟然是一个没有音乐的夜晚。

第二天当太阳升起的时候，突然发现这里的天空很蓝很蓝，映着蓝色的多瑙河水，令人想起施特劳斯那首著名的圆舞曲。

）

8. 打开当前试题目录下的素材文件，并完成下面操作：

- 在表格中的第三列左侧插入一列，并以表中原有内容的字体、字号和格式添加下列内容：美术、69、95、83，并将总分一列中的数值作相应的调整；
- 将表格外框线改为1.5磅单实线，内框线改为1磅单实线；
- 保存文档。

素材：（

姓名	数学	语文	英语	总分
王小兵	76	88	92	256
董寒	80	94	78	252
刘璐	81	85	69	235

）

9. 打开当前试题目录下的素材文件，并完成下面操作：

- 将文本 SharePoint TM 中的 TM 改为上标形式 即 SharePoint^{TM}；
- 为文章添加页眉、页脚；
- 在页眉中加入标题“规划和实现”；
- 在页脚中加入页码；
- 保存文档。

素材：（

摘要

本白皮书将帮助您熟悉 Microsoft SharePoint TM Team Services 的规划和实现过程。您可以从中了解到如何准备一份正式的项目计划，并获取有关如何针对企业团队信息共享需求裁减 SharePoint Team Services 的细节和建议。

）

10. 打开当前试题目录下的素材文件，并完成下面操作：

- 在页眉插入“温庭筠”，居中对齐，在页脚插入右对齐页码；
- 在文档开头插入标题“商山早行”，并加阴影边框，黑色底纹，均应用于文字；
- 将全文行距设置 20 磅，并将字体设置为加粗、单下划线、小四号、淡紫色；
- 保存文档。

素材：（

这首诗通过选择一些有特征性的事物，细致地描写早行的情景，真切地反映了古代社会许多旅客某些共同的感受。诗人自始至终抓住“早行”的特点，尤其是三、四句，是历来传诵的名句，主要妙在两句中使用十个名词，以几种景物组成画面，传神地写出了“早行”的特点。

晨起动征铎，
客行悲故乡。
鸡声茅店月，
人迹板桥霜。
槲叶落山路，
枳花明驿墙。
因思杜陵梦，
凫雁满回塘。

）

11. 在 Excel 中完成下面的操作：

- 打开当前试题目录下的素材；
- 根据给定数据，利用 SUM 函数计算出三个年度的销售总额合计，数据格式与该列其他相应数据格式保持一致；
- 同名存盘

素材：（

	A	B	C	D
1	公司销售额			
2	名称	2008	2009	2010
3	一公司	3,200,000	3,300,000	3,500,000
4	二公司	350,000	610,000	1,100,000
5	三公司	2,500,000	2,800,000	2,900,000
6	四公司	450,000	740,000	1,010,000
7	合计			

)

12. 打开当前试题目录下的素材文件，在 Sheet1 工作表中完成以下操作：

- 将第一行的行高调整为 30，字号调整为 18；
- 使 A1:E1 单元格区域合并，以及所显示的内容居中；
- 把 2 到 5 行的行高调整为 24；
- 把 B3:D5 区域内的数据调整为居中显示；
- 保存文件。

素材：（

	A	B	C	D	E
1	学校招生人数				
2	分校	10春	10秋	11春	合计
3	一分校	600	780	900	
4	二分校	500	560	640	
5	三分校	120	300	450	

)

13. 在 Excel 中完成下面的操作：

- 打开当前试题目录下的素材文件；
- 根据工作表中数据，建立折线散点图；
- 生成图表的作用数据区域是 A2:E5，数据系列产生在列；
- 图表标题为“销售情况”，图例在底部显示；
- 新图标存于原工作表中；
- 同名存盘。

素材：（

	A	B	C	D	E
1	某商品售价情况				
2	日期	进价	最高价	最低价	特售价
3	6月8日	24.53	25.57	24.04	24.7
4	7月9日	24.86	25.24	23.13	24.95
5	11月10日	24.85	25.13	24.66	24.8

)

14. 打开当前试题目录下的素材文件，在 Sheet1 工作表中按如下要求进行操作：

- 在 H2 单元格中计算出 6 个月的平均售价；
- 以月份作为分类轴，以售价作为数值轴，用饼图表示出来，把它存放在数据表下面；
- 保存文件。

素材：(

	A	B	C	D	E	F	G	H
1	月份	1	2	3	4	5	6	平均售价
2	售价	800	950	750	992	853	975	

)

15. 打开当前试题目录下的素材文件，在 Sheet1 工作表中完成以下操作：

- 用填充柄自动填充“月份”，从“十一月”开始，按照顺序向下填充；
- 将“东北”一列移动到“西北”一列的右侧；
- 保存文件。

素材：(

	A	B	C	D	E
1	车辆出售情况				
2	时间	东北	华东	西北	华中
3	十一月	5	7	4	1
4	十二月	11	14	8	6
5		4	6	1	14
6		2	0	10	20
7		18	13	20	27
8		25	22	29	30

)

模拟试题答题步骤

模拟试题一答题步骤

第1题操作步骤：打开试题环境，“开始”菜单→“控制面板”→“显示”→“主题”选项卡的“主题”区域下拉菜单中选择“Windows XP”选项→点击“确定”。

第2题操作步骤：打开试题环境，运行Outlook Express，点击“查看”下拉菜单，选择“编码”→“简体中文（GB2312）”。

第3题操作步骤：打开试题环境

● 打开F:\EXAM目录，点击窗口空白处，点击右键，在出现的快捷菜单中选择“新建”命令，选择“文件夹”，在文件夹名称处于编辑状态时输入“EXAM1”，回车。

● 打开E:\MYFILE目录，选择其中的FILE163文件，点击鼠标右键，在出现的快捷菜单中选择“属性”命令，在打开的“属性”对话框的“常规”选项卡的“属性”区域，勾选“隐藏”属性，点击“确定”。

● 打开D:\ABC目录，点击选择ABC1文件夹，单击鼠标右键，选择弹出菜单中的“删除命令”，在弹出的“确认文件删除”对话框中，点击“确定”。

第4题操作步骤：打开试题环境

● 打开C:\KS目录，选择FILE22.txt文件，点击工具栏“剪切”命令；然后，打开D:\KS目录下的FILE11文件夹，点击工具栏“粘贴”命令。

● 打开E:\ST目录，选择其中的A1.txt文件，单击鼠标右键，选择弹出菜单中的“重命名”命令，则文件名称处于编辑状态，输入“B2.txt”，按回车键。

● 打开F:\KS目录，点击选择ABC.txt文件，点击鼠标右键，在出现的快捷菜单中选择“属性”命令，在打开的“属性”对话框的“常规”选项卡的“属性”区域，勾选“隐藏”属性，点击“确定”。

第5题操作步骤：打开试题环境，鼠标定位于“开始菜单”，单击右键，在出现的菜单中选择“资源管理器”，打开资源管理器，以下操作均在资源管理器中完成。

● 打开D:\KS文件夹，点击窗口空白处，点击右键，选择快捷菜单中的“新建”命令，选择“文件夹”，则在该目录下出现一个新建的文件夹，并且文件夹名称处于编辑状态，输入“AB9”，回车即可。

● 打开D:\KS文件夹，按“Ctrl”键，点击选择ks1.txt和ks5.txt两个文件，点击工具栏“复制”按钮；然后，打开D:\KS\AB9目录，点击工具栏“粘贴”按钮。

● 点击选择 file3. txt 文件，点击鼠标右键，在出现的菜单中选择“剪切”命令；打开 D：\ KS 文件夹下的 myfile 文件夹，点击鼠标右键，在出现的菜单中选择“粘贴”命令。

● 选择 file4. txt 文件，点击鼠标右键，在弹出的菜单中选择“属性”命令，在打开的“属性”对话框的“常规”选项卡的“属性”区域，勾选“只读”属性并将“存档”属性勾选状态取消，点击“确定”。

● 打开 D：\ KS 文件夹，选择其中的 AB 文件夹，点击鼠标右键，在出现的快捷菜单中选择“删除”命令，在弹出的“确认文件删除”对话框中点击“确定”。

● 点击“开始”菜单→“控制面板”→“文件夹选项”，在打开的“文件夹选项”对话框中选择“查看”选项卡，在“高级设置”区域，拉动滑动块，可以看到“隐藏文件和文件夹”中有两个选项，勾选“显示所有文件和文件夹”，则为隐藏属性的 file. txt 文件可见；选择 file. txt 文件，点击鼠标右键，在出现的快捷菜单中选择“属性”命令，在打开的“属性”对话框的“常规”选项卡“属性”区域，将“隐藏”属性勾选状态取消，点击“确定”。

● 点击“开始”菜单，选择“搜索”命令，在打开的搜索命令区域的“要搜索的文件或文件夹名为：”一栏中输入“DATA”，在“搜索范围”一栏默认搜索范围为电脑硬盘，点击“立即搜索”即可开始搜索。在“搜索结果”窗口中，选择搜索到的 DATA 文件，点击鼠标右键，在出现的快捷菜单中选择“重命名”命令，在文件名称处于编辑状态时输入“DATA1. txt”，点击回车键。

第 6 题操作步骤：打开素材文件

● 光标定位于“……Microsoft Office Online 的信息以显示这些链接的新列表，”后，调整中文输入法，输入“这不会中断您正在进行的工作。”

● 选择标题文字“Microsoft Office Online 特色链”，点击工具栏字体一栏，选择“黑体”，点击字号一栏，选择“三号”，点击工具栏加粗按钮 **B**，点击工具栏居中对齐按钮 ≡。

● 选择正文所有文字，点击工具栏字体一栏，选择“楷体 _ GB2312”，点击字号一栏，选择“四号”。

● 点击“文件”下拉菜单，选择“保存”命令。

第 7 题操作步骤：打开素材文件

● 选择全文，点击“编辑”下拉菜单，选择“替换”命令，在“查找内容”一栏输入“片片的蝴蝶”，在“替换为”一栏也输入“翩翩的蝴蝶”，点击“替换”。

● 选择文本“庄周在清晓的梦中，幻化成片片的蝴蝶迷离飞舞。”单击工具栏复制按钮，鼠标移动到文章最后，单击工具栏粘贴按钮；鼠标定位于“庄周在清晓的梦中，幻化成片片的蝴蝶迷离飞舞。”文本前，按回车键，则另起一段。

● 选择文章最后一段，点击“格式”下拉菜单，选择“字体”命令，在打开的对话框“效果”区域，勾选“阳文”，点击“确定”。

点击“文件”下拉菜单，选择“保存”命令。

第 8 题操作步骤：打开素材文件

● 光标定位于表格第二行，点击“表格”下拉菜单，选择“插入”→“行（在上

方)”；分别在新添加的各单元格输入：张芬、92、76、89、257；选择表中任一单元格原有内容，点击工具栏“格式刷”按钮，拖动鼠标选中新添内容，则新添内容和表中原有内容格式一致。

● 选择整个表格，点击“格式”下拉菜单，选择“边框和底纹”命令，在弹出的对话框选择“边框”选项卡，“线型”一栏默认为单实线，在“宽度”一栏选择“1.5磅（一又二分之一磅)”，点击右侧“预览”区域的四条外边框，点击“确定”；然后再选择整个表格，点击“格式”下拉菜单，选择“边框和底纹”命令，在弹出的对话框选择“边框”选项卡，“线型”一栏默认为单实线，在“宽度”一栏选择“1磅”，再在右侧“预览”区域点击内框线，点击“确定”。

● 点击“文件”下拉菜单，选择“保存”命令。

第9题操作步骤：打开素材文件

● 点击“文件”下拉菜单，选择“打印”命令，在打开的“打印”对话框的“页面范围”区选择“页码范围”，在其右侧一栏输入数字“1”和“2”，之间用逗号隔开。（因文档只有两页，第一页和最后一页分别为第1页和第2页）

● 点击“文件”下拉菜单，选择“打印”命令，在打开的对话框中“副本”区域“份数”一栏输入“2”。

● 点击“文件”下拉菜单，选择“保存”命令。

设置如下图所示：

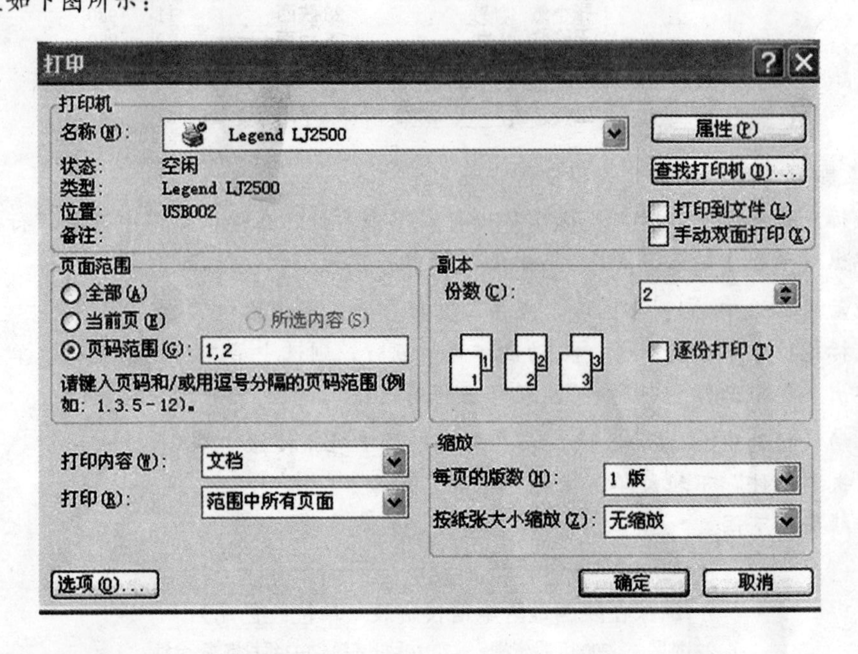

第10题操作步骤：打开素材文件

● 选择标题文字，点击“格式”下拉菜单，选择“字体”命令，在打开的对话框“效果”区域，勾选“阳文”，点击“确定”。

● 选中正文第三段第一句话“使用最新关键更新和安全修补程序更新计算机，”点击“Delete”键。

● 光标定位于第二段前，点击“插入下拉菜单”选择“符号”命令，在打开的对话框中“字体”一栏选择“Wingdings”，在对话框下部“字符代码”一栏输入“118”，点击“插入”。

● 光标定位于正文第一段，选择“格式”→“首字下沉”，在打开的对话框选择“下沉”，并在“下沉行数”一栏输入“3 行”，在“距正文”一栏输入“0.8 厘米”，点击“确定”。

● 点击“文件”下拉菜单，选择“保存”命令。

第 11 题操作步骤：打开素材文件

● 鼠标点击选择 C7 单元格，点击“插入”下拉菜单，选择“函数”，在打开的对话框中“函数类别”一栏选择“常用函数”，在“选择函数”列表中选择“SUM”函数，点击“确定”则打开“函数参数”一栏，在“number1”输入“G3:G5”，点击“确定”。则在 C7 单元格求出工资总额；鼠标点击选择 F7 单元格，点击“插入”下拉菜单，选择“函数”，在打开的对话框中“函数类别”一栏选择“常用函数”，在“选择函数”列表中选择“AVERAGE”函数，点击“确定”则打开“函数参数”一栏，在“number1”输入“G3:G5”，点击“确定”，则在 F7 单元格求出平均工资。

● 点击“文件”下拉菜单，选择“保存”命令。

操作结果如下图：

	A	B	C	D	E	F	G
1	工人情况表						
2	编号	姓名	性别	年龄	籍贯	工龄	工资
3	1	张小然	男	28	陕西	11	980
4	2	王珍珍	女	25	河南	9	880
5	3	刘思宏	男	32	广东	15	1028
6							
7		工资总额	2888		平均工资	962.67	

第 12 题操作步骤：打开素材文件

● 鼠标点击第 1 行行号，则选中第一行，单击右键，在弹出菜单中选择“行高…”命令，在弹出对话框中输入“25”；点击工具栏中的字号一栏，选择“16”。

● 拖动鼠标选中 A1:E1 区域，点击工具栏合并及居中按钮“ ”。

● 鼠标定位于第二行行号，拖动鼠标至第五行，则选中第二行至第五行，单击鼠标右键，在弹出菜单中选择“行高…”，在弹出的对话框中输入“20”。

● 拖动鼠标选中 B3:D5 区域，点击工具栏居中对齐按钮“ ”。

● 点击“文件”下拉菜单，选择“保存”命令。

操作结果如下图：

	A	B	C	D	E
1	国家在陕西地区电信投资表（单位：亿元）				
2	地区	2009年投资额	2010年投资额	2011年投资额	合计
3	西安	310	400	601	
4	汉中	180	240	352	
5	宝鸡	260	280	408	

第 13 题操作步骤：打开素材文件

● 光标定位于 J2 单元格，点击工具栏的求和按钮旁边的小三角“Σ ▾”，在弹出的

列表中选择“平均值”，将计算区域修改为对 D2:I2 区域求平均值，显示公式为“=AVERAGE(D2:I2)”，按回车，则在 J2 单元格求出学生 1 成绩的平均值，移动鼠标到 J2 单元格右下角的填充柄处，光标由空心十字形变成实心十字形时，点击鼠标，并拖动鼠标，选择区域包括 J2:J10，则所有学生成绩平均值均在相应单元格自动填充；选择 J2:J10，点击鼠标右键，在弹出的菜单选择“设置单元格格式”，在出现的对话框中“数字”选项卡的“分类”一栏选择“数值”，在右侧区域“小数位数”一栏输入“1”，点击“确定”，则选中区域数值均保留 1 位小数。

● 光标定位于 B11 单元格，点击工具栏的求和按钮旁边的小三角“Σ ▾”，在弹出的列表中选择“计数”，将计数区域修改为对 A2:A10 区域求平均值，显示公式为“=COUNT(A2:A10)”，按回车，则在 B11 单元格求出学生人数为 9。

● 选择 B1:B10 区域，按“Ctrl”键的同时，选择 E1:E10 区域，则同时选择了学生姓名和数学成绩两个不连续区域，点击“插入”→“图表”，在打开的对话框的“标准类型”选项卡的“图表类型”中选择“柱形图”，在“子图表类型”中选择“簇状柱形图”，按照插入图表向导提示，点击“下一步”直到“图标位置”这一步，选择“作为其中的对象插入”一项，在其后的栏中选择“Sheet1”，点击“完成”。

● 点击“文件”下拉菜单，选择“保存”命令。

操作结果如下图：

	A	B	C	D	E	F	G	H	I	J
1	考号	姓名	年龄	语文	数学	物理	化学	英语	体育	平均分
2	1001001	学生1	13	73	56	53	32	61	29	50.7
3	1001002	学生2	13	95	87	41	30	103	28	64.0
4	1001003	学生3	14	76	51	39	19	81	18	47.3
5	1001004	学生4	15	73	21	20	12	31	20	29.5
6	1001005	学生5	14	78	60	40	26	72	30	51.0
7	1001006	学生6	13	81	52	23	15	33	20	37.3
8	1001007	学生7	14	62	47	18	17	54	23	36.8
9	1001008	学生8	14	96	64	43	22	96	22	57.2
10	1001009	学生9	14	74	26	13	11	44	27	32.5
11	学生人数	9								

第 14 题操作步骤：打开素材文件

● 点击选择“通信录”工作表，点击“格式”下拉菜单，选择“工作表”→“隐藏”。

● 点击选择“成绩表”工作表，单击鼠标右键，在弹出菜单中选择“工作表标签颜色”，在弹出的色板中选择第二行第四列绿色色块。

● 双击选择“成绩表”工作表标签，在工作表名称处于编辑状态时输入“成绩资料”，按回车键。

● 点击“文件”下拉菜单，选择“保存”命令。

第 15 题操作步骤：打开素材文件

● 点击选择 A2 单元格，输入“20111001”，点击选择 A3 单元格，输入“20111002”，拖动鼠标选中 A1:A2 单元格区域，鼠标定位于区域右下角的填充柄，拖动覆盖 A2:A12，则通过自动填充功能将序号填充。

● 点击“年龄”所在的 G 列列号，单击鼠标右键，选择弹出菜单中的“剪切”，点击工资所在 F 列的列号，单击鼠标右键，选择弹出菜单中的“插入已剪切的单元格”。

● 点击“文件”下拉菜单，选择“保存”命令。

操作结果如下：

	A	B	C	D	E	F	G
1	序号	姓名	性别	奖金	职称	年龄	工资
2	20111001	人员1	女	660	助理工程师	22	1200
3	20111002	人员2	女	1346	事业部总经理	43	4800
4	20111003	人员3	女	1670	项目经理	28	3600
5	20111004	人员4	男	2125	财务总监	33	3950
6	20111005	人员5	女	2750	总裁	49	4800
7	20111006	人员6	女	665	财务部会计	37	1300
8	20111007	人员7	男	1560	高级工程师	53	3600
9	20111008	人员8	女	1340	工程师	46	3200
10	20111009	人员9	女	666	助理工程师	28	1200
11	20111010	人员10	男	720	财务部会计	32	1400
12	20111011	人员11	男	666	助理工程师	30	1200

模拟试题二答题步骤

第 1 题操作步骤： 打开试题环境

打开 D 盘根目录，点击选择 myfile 文件夹，单击鼠标右键，在弹出的菜单中选择“共享和安全”命令，在打开的对话框中勾选“在网络上共享这个文件夹”，在共享名一栏输入“mytest”，点击“确定”。

第 2 题操作步骤： 打开试题环境

点击“开始”菜单，选择“控制面板”，双击“Internet 选项”，在打开的对话框中点击“高级”选项卡，在“设置”中选择“多媒体”，将“显示图片”前的对钩去掉，点击“确定”。结果如图所示：

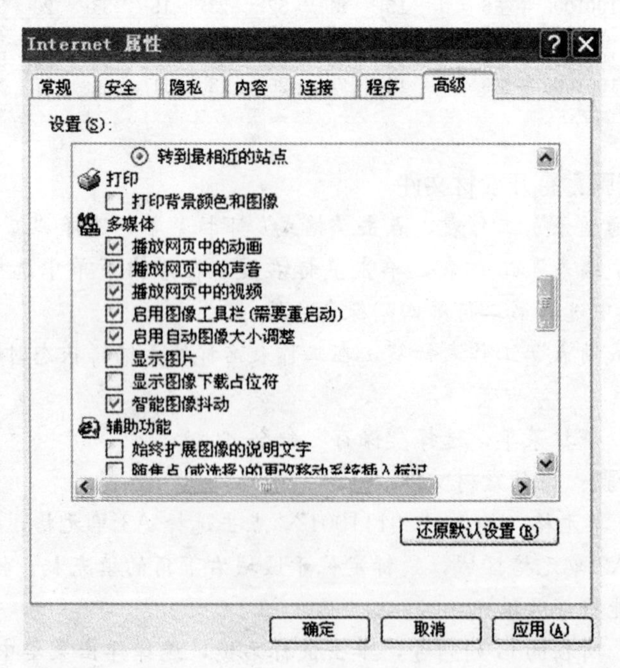

第3题操作步骤：打开试题环境

● 打开D:\123目录，点击空白处，单击鼠标右键，在弹出的菜单中选择“新建”命令，点击“文件夹”，则新建一个文件夹，在其名称处于编辑状态时输入“KS”，按回车键。

● 打开D:\246目录，点击选择MYFILE文件夹，单击右键，在弹出的菜单中选择“剪切”命令，打开D:\123目录下的YOUFILE文件夹，单击工具栏“粘贴”命令。

● 打开D:\KS1目录，点击选择WE文件夹，点击鼠标右键，在出现的快捷菜单中选择“删除”命令，在弹出的“确认文件删除”对话框中点击“确定”。

第4题操作步骤：打开试题环境

● 打开D:\ABC目录，点击空白处，单击鼠标右键，在弹出的菜单中选择“新建”命令，选择“文本文档”，则在当前目录创建一个文本文档，在其名称处于编辑状态时输入“ONLY”，按回车键。

● 打开D:\ABC目录，点击选择AND.txt文件，单击鼠标右键，在弹出的菜单中选择“重命名”命令，在文件名称处于编辑状态时输入“OR”，按回车键。

● 打开将D:\PAPER目录，选择其中的DESK.txt文件，点击鼠标右键，在出现的快捷菜单中选择“属性”命令，在打开的“属性”对话框的“常规”选项卡“属性”区域，勾选“只读”和“隐藏”属性，点击“确定”。

第5题操作步骤：打开试题环境

鼠标定位于“开始菜单”，单击右键，在出现的菜单中选择“资源管理器”，打开资源管理器，以下操作均在资源管理器中完成。

● 定位于D:\DD文件夹，点击窗口空白处，点击右键，选择快捷菜单中的“新建”命令，选择“文件夹”，则在该目录下出现一个新建的文件夹，并且文件夹名称处于编辑状态，输入“AB”，回车即可。

● 定位于D:\DD目录下，按“Ctrl”键，点击选择ST.txt及PER.txt两个文件，点击工具栏的“复制”按钮；然后，打开D:\DD\AB目录，点击工具栏的“粘贴”按钮。

● 点击选择STYOU.txt文件，点击工具栏的“剪切”按钮；然后，打开D:\DD\YOUFILE目录，点击工具栏的“粘贴”按钮。

● 选择STWE.txt文件，点击鼠标右键，在出现的快捷菜单中选择“属性”命令，在打开的“属性”对话框的“常规”选项卡“属性”区域，勾选“只读”属性，将“存档”勾选状态取消，点击“确定”。

● 定位于D:\DD文件夹，选择TEACHER文件夹，点击鼠标右键，在出现的快捷菜单中选择“删除”命令，在弹出的“确认文件删除”对话框中点击“确定”。

● 点击“开始”菜单→“控制面板”→“文件夹选项”，在打开的“文件夹选项”对话框中选择“查看”选项卡，在“高级设置”区域，拉动滑动块，可以看到“隐藏文件和文件夹”中有两个选项，选择“显示所有文件和文件夹”，则隐藏属性的ME.txt文件可见；选择ME.txt文件，点击鼠标右键，在出现的快捷菜单中选择“属性”命令，在打开的“属性”对话框的“常规”选项卡“属性”区域，将“隐藏”属性勾选状态取消，点击“确定”。

● 点击"开始"菜单，选择"搜索"命令，在打开的搜索命令区域的"要搜索的文件或文件夹名为："一栏中输入"HELLO"，在"搜索范围"一栏默认搜索范围为电脑硬盘，点击"立即搜索"即可开始搜索。在"搜索结果"窗口中，选择搜索到的HELLO文件，点击鼠标右键，在出现的快捷菜单中选择"重命名"命令，在其名称处于编辑状态时输入"WORLD"，按回车键。

第6题操作步骤： 打开素材文件

● 选择标题"计算机的应用"，点击工具栏字体栏，选择"宋体"，点击字号一栏选择"四号"，点击工具栏加粗按钮"**B**"，点击工具栏居中对齐按钮"≡"；选择标题文字，点击"格式"下拉菜单，选择"边框和底纹"命令，在弹出的对话框的"边框"选项卡中选择"方框"，选择应用范围为"文字"；切换到"底纹"选项卡，在"图案"区域的"样式"一栏选择"30%"，选择应用范围为"文字"，点击"确定"。

● 选择正文部分，点击工具栏字体栏，选择"宋体"，点击字号一栏选择"小四号"；选择第一句话"计算机是一种具有内部存储能力、由程序控制操作过程的自动电子设备。"点击"格式"下拉菜单，选择"字体"命令，在打开的对话框"下划线线型"一栏选择双下划线，点击"确定"；选择第二句话"它主要由输入设备、输出设备、存储器、运算器、控制器等几部分组成。"点击"格式"下拉菜单，选择"字体"命令，在打开的对话框"下划线线型"一栏选择单下划线，点击"确定"。

● 点击"文件"下拉菜单，选择"保存"命令。

操作结果如下：

计算机的应用

计算机是一种具有内部存储能力、由程序控制操作过程的自动电子设备。它主要由输入设备、输出设备、存储器、运算器、控制器等几部分组成。

第7题操作步骤： 打开素材文件

● 选择标题，点击工具栏字体栏，选择"黑体"，点击字号一栏选择"四号"，点击工具栏加粗按钮"**B**"，点击工具栏居中对齐按钮"≡"。

● 选择正文部分，点击工具栏字体栏，选择"黑体"，点击字号一栏选择"小四号"，点击"格式"下拉菜单，选择"字体"命令，在打开的对话框"下划线线型"一栏选择单下划线，点击"确定"。

● 点击"插入"→"符号"，在"字体"区域选择"Symbol"，在"字符代码"一栏输入"167"，点击"插入"即可插入字符"♣"。选择"♣"，点击工具栏"剪切"按钮，将"♣"保存在系统剪切板上，点击"编辑"下拉菜单，选择"替换"命令，在打开的对话框"替换为"一栏按组合键"Ctrl+V"，将剪贴板上的内容"♣"复制到当前位置，点击素材文件，选择被替换的字符"-1"，点击工具栏的"复制"命令，将"-1"保存在系统剪切板上，点击"编辑"下拉菜单，选择"替换"命令，在打开的对话框"查找内容"一栏按组合键"Ctrl+V"，将剪贴板上的内容复制到当前位置，点击"全部替换"。

● 点击"文件"下拉菜单，选择"保存"命令。

操作结果如下：

♣♣建筑艺术♣♣

建筑艺术是表现性艺术，通过面、体形、体量、空间、群体和环境处理等多种艺术语言，创造情绪氛围，体现深刻的文化内涵。

第8题操作步骤：打开素材文件

● 选择整个表格，点击“格式”下拉菜单，选择“边框和底纹”命令，在弹出的对话框选择“边框”选项卡，“线型”一栏默认为单实线，在“宽度”一栏选择“1.5（一又二分之一）磅”，点击右侧“预览”区域的四条外边框，点击“确定”；再选择整个表格，点击“格式”下拉菜单，选择“边框和底纹”命令，在弹出的对话框选择“边框”选项卡，“线型”一栏默认为单实线，然后在“宽度”一栏选择“1磅”，再在右侧“预览”区域点击内框线，点击“确定”。

● 选择整个表格，在工具栏的字体一栏选择“黑体”，在工具栏的字号一栏中选择“小四号”，点击工具栏加粗“**B**”按钮。

● 选择整个表格，单击鼠标右键，在出现的快捷菜单中，光标定位于“单元格对齐方式”命令上，出现对齐方式列表，点击第二行第二列按钮，即为水平垂直对齐。

● 点击“文件”下拉菜单，选择“保存”命令。

操作结果如下：

品名	型号	单价	数量	金额
索尼相机	P-II	10000	10	100000
兄弟打印机	LQ1600K	4000	9	36000
紫光扫描仪	SM600	3000	5	15000

第9题操作步骤：打开素材文件

● 光标定位于正文第二段，选择“格式”→“首字下沉”，在打开的对话框选择“下沉”，并在“字体”一栏设置为“华文行楷”，“下沉行数”一栏输入“2行”。选中下沉的首字，点击工具栏字体颜色按钮，选择弹出色板的第三行第一列标注为红色的色块。

● 光标定位于正文第二段，单击右键，在弹出的快捷菜单中选择“段落”，选择弹出的对话框的“缩进和间距”选项卡，在“缩进”区域的“特殊格式”一栏选择“首行缩进”，并在其后的“度量值”里输入“2字符”。在“左”栏和“右”栏中分别输入“0.8字符”；在“间距”区域，设置“行距”一栏为“1.5倍行距”，在“段前”和“段后”两栏中分别输入“2行”，点击“确定”。

● 选择全文，点击“编辑”下拉菜单，选择“替换”命令，在“查找内容”一栏输入“摸板”，在“替换为”一栏输入“模板”，光标定位在“替换为”一栏的“图型”位置，点击“高级”→“格式”→“字体”，在“字体”对话框中设置“字形”为“倾斜”，“字号”一栏选择“四号”，“字体颜色”一栏选择弹出色板的第二行第四列标注为“绿色”的色块，最后，在“下划线线型”一栏选择波浪线（列表倒数第三项），点击“确定”。

● 点击“文件”下拉菜单，选择“保存”命令。

操作结果如下：

Microsoft Publisher 中，“新建”任务窗格称为“新建出版物”。

在“新建出版物”任务窗格中的“根据设计方案新建”下，单击“模板”。然后在“预览库”中，单击所需模板。请注意，只有在计算机上保存有模板时才会显示“模板”链接。

第 10 题操作步骤：打开素材文件

- 选择标题文字“房贷期限”，点击“格式”下拉菜单，选择“字体”命令，在打开的对话框“效果”区域，勾选“阴文”，点击“确定”。
- 光标定位于第二段前，点击“插入下拉菜单”选择“符号”命令，在打开的对话框中“字体”一栏选择“Wingdings”，在对话框下部“字符代码”一栏输入“114”，点击“插入”。
- 光标定位于正文第一段，选择“格式”→“首字下沉”，在打开的对话框选择“下沉”，并在“下沉行数”一栏输入“2 行”，在“距正文”一栏输入“0.9 厘米”，点击“确定”。
- 选择最后 5 行，点击“表格”→“转换”→“文本转换为表格”，在出现的对话框中，列和行分别默认为 5 和 5，点击“确定”进行转换。光标定位于转换后的表格中，选择“表格”→“表格自动套用格式”，在“表格样式”列表中选择“网格型 3”，点击“确定”。
- 点击“文件”下拉菜单，选择“保存”命令。

操作结果如下：

房贷期限

从 9 月 21 日起申请个人住房货款的消费者都能享受到银行的最新政策：期限延长到 30 年，利率同时降低。中国人民银行的这项决定，已经在京城开办住房贷款业务的银行得到落实。

❒个人住房货款 1 至 5 年月均还款金额表

货款年限（年）	年利率（%）	还款总额	利息负担总和	月均还款额
5	5.31	11408.40	1408.40	190.14
10	5.58	13070.40	3070.40	108.92
20	5.58	16617.60	6617.60	69.20
30	5.58	20620.80	10620.80	57.28

第 11 题操作步骤：打开素材文件

- 光标定位于 J2 单元格，点击工具栏的求和按钮旁边的小三角“Σ ▾”，在弹出的列表中选择“平均值”，则默认对 C2:I2 区域求平均值，显示公式为“=AVERAGE(C2:I2)”，按回车，则在 J2 单元格求出第一个学生各科成绩的平均分，移动鼠标到 J2 单元格右下角的填充柄，光标由空心十字形变成实心十字形时，点击鼠标，并拖动鼠标，选择区域包括 I2:I17，则其余学生各科目成绩的平均分在相应单元格自动填充；选择 J2:J13，点击鼠标右键，在弹出的菜单中选择“设置单元格格式”，在出现的对话框中“数字”选项卡的“分类”一栏选择“数值”，在右侧区域“小数位数”一栏输入“1”，点击“确定”，则选中区域数值均保留 1 位小数。

● 鼠标定位于数据区域，点击“数据”下拉菜单，选择“筛选”，在弹出的菜单中点击“自动筛选”，“自动筛选”前出现一个对钩，同时在每个列标题所在的单元格右侧出现筛选按钮，选择“平均分”所在单元格 J1，在弹出的列表中选择“自定义”，在弹出的对话框中“显示行：平均分”一栏选择“大于或等于”，在其后的数值栏输入“70”。同时点击在“语文”所在的 C1 单元格右侧所出现的筛选按钮，在出现的列表中选择“自定义”，在“自动定义自动筛选方式”对话框的“显示行：语文”一栏中选择“大于或等于”，在其后一栏中输入“80”，点击“确定”，则只显示平均分不低于 70 并且语文成绩不低于 80 分的学生记录；选择显示的符合筛选条件的所有记录，单击右键，点击菜单中的“复制”命令，选择 Sheet2 工作表，鼠标定位于 A1 单元格，单击右键，在出现的菜单中选择“粘贴”命令，则筛选结果被复制到 Sheet2 工作表指定位置。

● 点击“文件”下拉菜单，选择“保存”命令。

操作结果如下：

	A	B	C	D	E	F	G	H	I	J
1	学号	姓名	语文	数学	英语	生物	历史	政治	地理	平均分
2	11	学生1	99	69	98	60	74	77	64	77.3
4	13	学生3	105	60	86	80	75	88	81	82.1
6	15	学生5	101	44	72	51	77	92	66	71.9
10	19	学生9	90	41	88	82	74	86	73	76.3

第 12 题操作步骤：

● 运行 Excel，点击“文件”下拉菜单，选择“打开”命令，在弹出的“打开”对话框中“查找范围”一栏中按照试题目录提示的文件路径找到素材文件，选择该文件，点击“打开”，则打开素材文件。

● 鼠标点击 C4 单元格，输入“3562400”，按回车键。

● 选择 B3:C6 区域，单击鼠标右键，在弹出的菜单中选择“设置单元格格式”，在出现的对话框中“数字”选项卡中“分类”一栏选择“货币”，在右侧的“小数位数”一栏输入“2”，点击“确定”。

● 鼠标定位于行标题和列标题相交的区域，即数据区左上角，单击鼠标，则数据区全部被选择，单击鼠标右键，在弹出的菜单中选择“复制”，点击 Sheet2 工作表，鼠标定位于 A1 单元格，单击鼠标右键，在弹出的菜单中选择“粘贴”；在 Sheet2 工作表中，选择 A3:C6 区域，点击“数据”下拉菜单，选择“排序”命令，在弹出的对话框“主要关键字”一栏选择“增长率”，排序方式选择“升序”（即递增排序），点击“确定”。

● 点击“文件”下拉菜单，选择“保存”命令。

操作结果如下：

	A	B	C	D
1	电子产品销售趋势			
2		2010	2011	增长率
3	mp3	3,130,000.00	3,200,000.00	2%
4	数码相机	2,754,600.00	3,056,000.00	11%
5	mp4	2,941,000.00	3,562,400.00	21%
6	摄像机	2,015,200.00	3,521,200.00	75%

第13题操作步骤：打开素材文件

- 鼠标点击选择G2单元格，点击工具栏的求和按钮“Σ”，则默认对C2:F2区域进行求和，显示公式为“=SUM(C2:F2)”，按回车，在G2单元格求出第一个学生的总分，移动鼠标到G2单元格右下角的填充柄处，光标由空心十字形变成实心十字形时，点击鼠标，并拖动鼠标，选中G2:G13区域，放开鼠标，则所有学生成绩的总分在相应单元格自动填充。

- 点击选择C14单元格，点击工具栏的求和按钮旁边的小三角“Σ ▾”，在弹出的列表中选择“最大值”，则默认在C2:C13区域求最大值，显示公式为“=MAX(C2:C13)”，按回车，则在C14单元格求出数学成绩的最大值，移动鼠标到C14单元格右下角的填充柄处，光标由空心十字形变成实心十字形时，点击鼠标，并拖动鼠标，选择区域包括C14:F14，则其余各学科成绩最大值在相应单元格自动填充。

- 选择A1:A13区域，按下“Ctrl”键的同时选择G1:G13区域，则选中的两个不连续区域数据为图表数据，点击“插入”下拉菜单，选择“图表”，出现插入图表向导，在打开的对话框的“标准类型”选项卡中“图表类型”中选择“柱形图”，在“子图表类型”中选择“簇状柱形图”，按照插入图表向导提示，一直点击向导的“下一步”，第四步图形插入到Sheet1中，其余均采取默认值即可。

- 点击“文件”下拉菜单，选择“保存”命令。

操作结果如下所示：

	A	B	C	D	E	F	G
1	学号	姓名	物理	数学	语文	英语	总分
2	1	学生1	71	56	63	77	267
3	2	学生2	67	76	85	93	321
4	3	学生3	55	85	97	90	327
5	4	学生4	91	78	67	88	324
6	5	学生5	88	60	84	67	299
7	6	学生6	67	77	79	79	302
8	7	学生7	82	93	65	79	319
9	8	学生8	70	81	76	87	314
10	9	学生9	65	45	84	68	262
11	10	学生10	85	65	92	49	291
12	11	学生11	97	68	73	84	322
13	12	学生12	58	82	54	64	258
14	学科最高分		97	93	97	93	

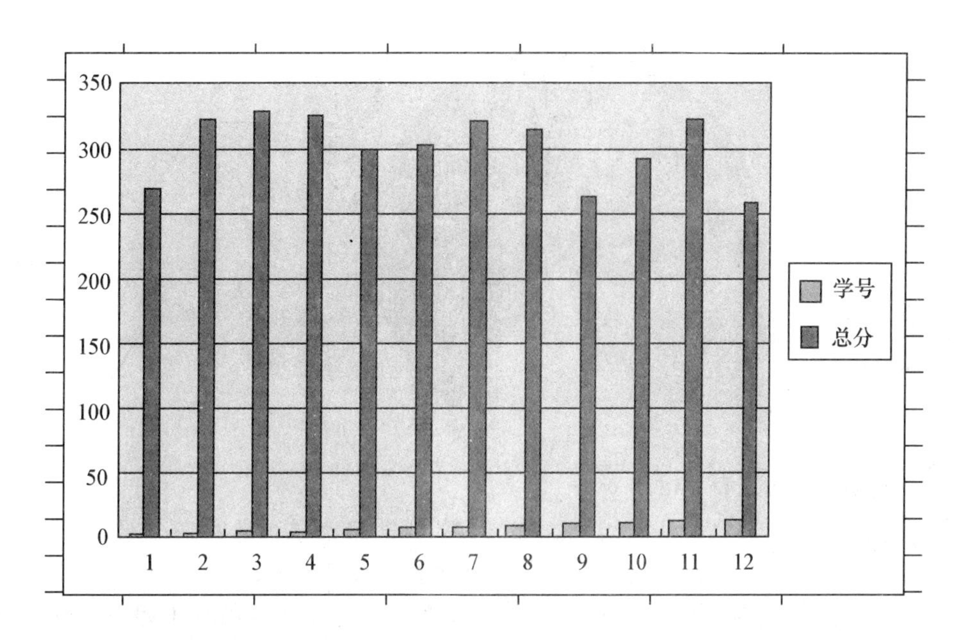

第 14 题操作步骤：打开素材文件

● 鼠标双击选择 E2 单元格，在其中输入公式"=C2＊D2"，回车，则计算出"篮球"的总价，鼠标定位于 E2 单元格右下角填充柄，光标成为实心十字时，拖动鼠标覆盖 E2:E7 单元格区域，则其余商品总价自动填充。

● 选择 B1:B7 区域，按下"Ctrl"键的同时选择 D1:D7 区域，则选中的两个不连续区域数据为图表数据，点击"插入"下拉菜单，选择"图表"，出现插入图表向导，在打开的对话框的"标准类型"选项卡中"图表类型"中选择"饼图"，在"子图表类型"中选择第一个"饼图"图标，按照插入图表向导提示，一直点击向导的"下一步"，第四步图形插入到 Sheet1 中，其余均采取默认值即可。

● 点击"文件"下拉菜单，选择"保存"命令。

操作结果如下所示：

	A	B	C	D	E
1	编号	名称	单价	数量	总价
2	001	篮球	72	15	1080
3	002	羽毛球	9	28	252
4	003	足球	79	16	1264
5	004	跳绳	6	16	96
6	005	排球	24	12	288
7	006	铅球	88	20	1760

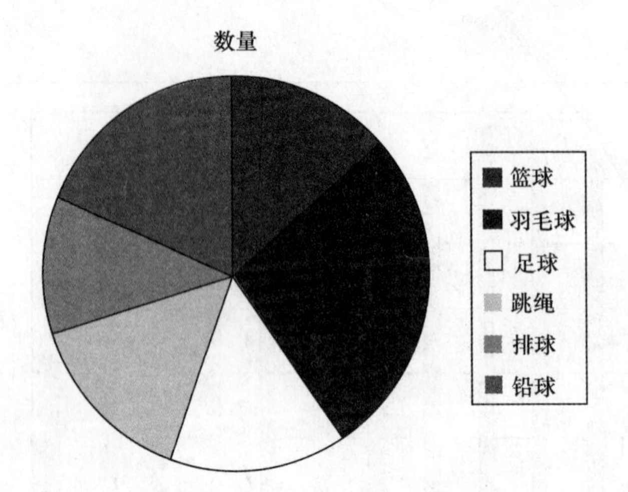

第 15 题操作步骤： 打开素材文件

● 鼠标单击选择 A4 单元格，鼠标定位于 A4 单元格右下角填充柄，光标成为实心十字时，拖动鼠标覆盖 A4:A8 单元格区域，则其余月份自动填充。

● 点击“地区 1”所在 B 列列号，单击鼠标右键，选择弹出菜单中的“剪切”命令，点击 E 列列号，单击鼠标右键，选择弹出菜单中的“插入已剪切的单元格”。

● 点击“文件”下拉菜单，选择“保存”命令。

操作结果如下所示：

	A	B	C	D	E
1	温度变化情况				
2	时间	地区2	地区3	地区1	地区4
3	十一月	-10	-5	-11	-1
4	十二月	-12	-7	-20	-6
5	一月	-4	0	-8	2
6	二月	1	9	4	19
7	三月	16	18	27	26
8	四月	25	27	34	31

模拟试题三答题步骤

第 1 题操作步骤： 打开试题环境

鼠标定位于任务栏，单击鼠标右键，在弹出菜单栏中选择“属性”命令，在打开的对话框中“任务栏外观”区域中选择“自动隐藏任务栏”，并将“锁定任务栏”勾选状态取消，点击“确定”。

第 2 题操作步骤： 打开试题环境

点击考试面板上的“Outlook Express”，启动“Outlook Express”，点击“收件箱”→点击选择主题为“hello word!”的邮件，点击“转发”，在打开的转发对话框“收件人”栏输入 st1@qq.com 和 st2@lc.com，用逗号或分号隔开，在“抄送”栏输入 admini@qq.com，将“主题”栏内容变更为：funny day，点击“发送”。

第 3 题操作步骤：打开试题环境

● 打开 C:\KS 目录，在打开的窗口空白处点击鼠标右键，在出现的快捷菜单中选择“新建”，点击“文件夹”，在新建的文件夹名称处于编辑状态时输入“ST4”，回车。

● 打开 D:\SEE 目录，选择 LIKELY120 文件夹，点击鼠标右键，在出现的快捷菜单中选择“重命名”命令，在文件名称处于编辑状态时输入“FILE120”，按回车键。

● 打开 F:\ABC 目录，选择 ABC8 文件夹，点击工具栏的“复制”按钮，打开 D:\SEE 目录，点击工具栏的“粘贴”按钮。

第 4 题操作步骤：打开试题环境

● 打开 C:\FILE 目录，在打开的窗口空白处点击鼠标右键，在出现的快捷菜单中选择“新建”，点击“文本文档”，在新建的文本文档名称处于编辑状态时输入“SUPER2”，按回车键。双击打开 SUPER2. txt 文件的同时运行记事本程序，输入“Windows 帮助信息获取方法”，点击记事本的“文件”下拉菜单，选择“保存”命令，点击记事本程序右上角的关闭按钮，退出程序。

● 打开 D:\DATE1 目录，选择 FILE2. txt，点击工具栏的“复制”按钮，打开 C:\FILE 目录，点击工具栏的“粘贴”按钮。

● 打开 D:\DATE2 目录，选择 FILE3. txt 文件，点击鼠标右键，在出现的快捷菜单中选择“重命名”命令，在文件名称处于编辑状态时输入“YOU3”，按回车键。

第 5 题操作步骤：打开试题环境

鼠标定位于“开始菜单”，单击右键，在出现的菜单中选择“资源管理器”，打开资源管理器，以下操作均在资源管理器中完成。

● 定位于 D:\KS\ABC 文件夹，点击窗口空白处，点击右键，选择快捷菜单中的“新建”命令，选择“文件夹”，则在该目录下出现一个新建的文件夹，并且文件夹名称处于编辑状态，输入“AB”，回车即可。

● 打开 D:\KS 文件夹，按“Ctrl”键，点击选择 ST1. txt 及 ST4. txt 文件两个文件，点击工具栏“剪切”按钮；然后，打开 D:\KS\ABC\AB 目录，点击工具栏“粘贴”按钮。

● 打开 D:\KS 文件夹，点击选择 ST3. txt 文件，点击工具栏“复制”按钮；然后，打开 D:\KS1 文件夹目录，点击工具栏“粘贴”按钮；选择复制后的 ST3. txt 文件，点击鼠标右键，在出现的快捷菜单中选择“重命名”命令，在其名称处于编辑状态时输入“KSYOU3”，按回车键。

● 选择 ST3. txt 文件，点击鼠标右键，在出现的快捷菜单中选择“属性”命令，在打开的“属性”对话框的“常规”选项卡“属性”区域，将“存档”勾选状态取消，点击“确定”。

● 打开 D:\KS 文件夹，选择 ST5. txt 文件，点击鼠标右键，在出现的快捷菜单中选择“删除”命令，在弹出的“确认文件删除”对话框中点击“确定”。

● 点击“开始”菜单→“控制面板”→“文件夹选项”，在打开的“文件夹选项”对话框中选择“查看”选项卡，在“高级设置”区域，拉动滑动块，可以看到“隐藏文件和文件夹”中有两个选项，选择“显示所有文件和文件夹”，则隐藏属性的 ST2. txt 文件可见；选择ST2.txt文件，点击鼠标右键，在出现的快捷菜单中选择“属性”命令，在打开的“属性”对话框的“常规”选项卡“属性”区域，将“隐藏”属性勾选状态取消，点击“确定”。

● 点击“开始”菜单，选择“搜索”命令，在打开的搜索命令区域的“要搜索的文件或文件夹名为：”一栏中输入“YOUWORD”，在“搜索范围”一栏默认搜索范围为电脑硬盘，点击“立即搜索”即可开始搜索。在“搜索结果”窗口中，选择搜索到的YOUWORD文件，点击鼠标右键，在出现的快捷菜单中选择“重命名”命令，在其名称处于编辑状态时输入“ST10”，按回车键。

第6题操作步骤：打开素材文件

● 选择文字“莫高窟属全国重点文物保护单位……以精美的壁画和塑像闻名于世。”点击“格式”下拉菜单，选择“字体”命令，在打开的对话框中“下划线线型”一栏中选择单下划线，点击“确定”。

● 选择标题，点击工具栏字体栏，选择“黑体”，点击字号一栏选择“三号”，点击工具栏加粗按钮“**B**”，点击工具栏居中对齐按钮“≡”。

● 选择正文文字，点击工具栏字体栏，选择“楷体_GB2312”，点击字号一栏选择“四号”。

● 点击“文件”下拉菜单，选择“保存”命令。

操作结果如下所示：

莫高窟

莫高窟是世界现存佛教艺术的伟大宝库，也是世界上最长、规模最大、内容最为丰富的佛教画廊之一。莫高窟属全国重点文物保护单位，俗称千佛洞，被誉为20世纪最有价值的文化发现，坐落在河西走廊西端的敦煌，以精美的壁画和塑像闻名于世。

第7题操作步骤：打开素材文件

● 选择第二段文字，点击“编辑”下拉菜单，选择“替换”命令，在打开的对话框中“查找内容”一栏输入“简慢减弱”，在替换为一栏输入“渐慢渐弱”，点击“替换”。

● 选择最后一段文字，点击“格式”下拉菜单，选择“字体”命令，在打开的对话框“效果”区域中勾选“空心”，点击“确定”。

● 光标定位于文章最后，点击“插入”菜单，选择“图片”→“来自文件”，出现“插入图片”对话框，在“查找范围”一栏，按照题目所给图片路径，找到图片“1.jpg”所在位置，选定图片，点击“插入”，即可插入图片。选择图片，点击鼠标右键，在弹出的菜单中选择“设置图片格式”，在打开的对话框中选择“版式”选项卡，“环绕方式”选择“紧密型”，点击“确定”。

● 点击“文件”下拉菜单，选择“保存”命令。

操作结果如下：

奥地利一直是我心中的音乐之都，如今真的踏上奥地利的土地，竟有几分朝拜的感觉，到音乐的圣殿去呼吸音乐的空气，感受音乐的魅力，寻找音乐的灵魂，这是我多年的梦想了。

隔着大巴车的玻璃窗，浏览维也纳的街区，细细寻觅音乐的痕迹。在迷茫的街灯下，高大古典的建筑，空旷静谧的街区，稀落寂寥的车影，似乎是一支怀旧长歌的结尾，进入渐慢渐弱的意境。

想象中，该从那楼群中的每一扇窗口，流淌出怡人的音乐，可是，维也纳的夜静悄悄地，没有激昂的交响乐，也没有缠绵的小夜曲，好像只有一种来自久远的惆怅，在这所安静的城市中徘徊。

那一夜，我们住在维也纳郊外，旅途的疲惫使我们悠然入睡，竟然是一个没有音乐的夜晚。

第二天当太阳升起的时候，突然发现这里的天空很蓝很蓝，映着蓝色的多瑙河水，令人想起施特劳斯那首著名的圆舞曲。

第 8 题操作步骤：打开素材文件

● 光标定位于表格第三列，点击“表格”下拉菜单，选择“插入”→“列（在左侧）”；分别在新添加的各单元格输入：美术、69、95、83；选择表中任一单元格原有内容，点击工具栏“格式刷”按钮，拖动鼠标选中新添内容，则新添内容和表中原有内容格式一致。鼠标定位于 F2 单元格，点击“表格”下拉菜单，选择“公式”命令，在打开的对话框中公式一栏输入“=SUM（LEFT)”，则可结算出第一个学生的总分，同理在 F3 和 F4 单元格插入函数“=SUM（LEFT)”均可计算出相应学生的总分。

● 选择整个表格，点击“格式”下拉菜单，选择“边框和底纹”命令，在弹出的对话框选择“边框”选项卡，“线型”一栏默认为单实线，在“宽度”一栏选择“1.5 磅（一又二分之一磅)”，点击右侧“预览”区域的四条外边框，点击“确定”；然后再选择整个表格，点击“格式”下拉菜单，选择“边框和底纹”命令，在弹出的对话框中选择“边框”选项卡，“线型”一栏默认为单实线，在“宽度”一栏选择“1 磅”，再在右侧“预览”区域点击内框线，点击“确定”。

● 点击“文件”下拉菜单，选择“保存”命令。

操作结果如下：

姓名	数学	美术	语文	英语	总分
王小兵	76	69	88	92	325
董寒	80	95	94	78	347
刘璐	81	83	85	69	318

第 9 题操作步骤：打开素材文件

● 选择“TM”，点击“格式”下拉菜单，选择“字体”命令，在打开的对话框“效果”区域中勾选“上标”，点击“确定”。

● 点击“视图”下拉菜单，选择“页眉和页脚”，默认状态为页眉编辑，输入“规划和实现”；在“页眉和页脚”工具栏中点击“在页眉和页脚间切换”，切换至页脚，点击“插入自动图文集”，选择“页码”。

● 点击“文件”下拉菜单，选择“保存”命令。

第 10 题操作步骤：打开素材文件

● 点击“视图”下拉菜单，选择“页眉和页脚”，默认状态为页眉编辑，输入“温庭筠”，默认为居中对齐方式；在出现的“页眉和页脚”工具栏中点击“在页眉和页脚间切换”，切换至页脚，点击“插入自动图文集”，选择“页码”，点击工具栏右对齐按钮 ≡。

● 光标定位于文档开头，回车，返回光标到第一行输入“商山早行”，点击“格式”下拉菜单，选择“边框和底纹”命令，在弹出的对话框的“边框”选项卡中选择“阴影边框”，选择应用范围为“文字”；切换到“底纹”选项卡，在左侧色块中选择第四行第一列标注为黑色的色块，选择应用范围为“文字”，点击“确定”。

● 点击“编辑”下拉菜单，选择“全选”，点击右键，选择出现快捷菜单中的“段落”命令，在“缩进和间距”选项卡的“间距”区域中的“行距”一栏选择“固定值”，在其后的“设置值”一栏输入“20 磅”；选择全文状态下，点击工具栏加粗按钮 **B**，点击下划线按钮 U，为文字加单下划线，点击字号一栏，选择“小四号”，点击工具栏字体颜色按钮 A 旁边的小三角标志，在弹出的色板中选择第五行第七列的注释文字为“淡紫”的色块。

● 点击“文件”下拉菜单，选择“保存”命令。

操作结果如下：

温庭筠

商山早行

这首诗通过选择一些有特征性的事物，细致地描写早行的情景，真切地反映了古代社会许多旅客某些共同的感受。诗人自始至终抓住“早行”的特点，尤其是三、四句，是历来传诵的名句，主要妙在两句中使用十个名词，以几种景物组成画面，传神地写出了“早行”的特点。

晨起动征铎，
客行悲故乡。
鸡声茅店月，
人迹板桥霜。
槲叶落山路，
枳花明驿墙。
因思杜陵梦，
凫雁满回塘。

第 11 题操作步骤：打开素材文件

● 鼠标点击选择 B7 单元格，点击工具栏的求和按钮“Σ”，对 B3:B6 区域进行求和，显示公式为“=SUM(B3:B6)”，按回车，在 B7 单元格求出 2008 年销售合计，移动鼠标到 B7 单元格右下角的填充柄处，光标由空心十字形变成实心十字形时，点击鼠标，并拖动鼠标，选中 B7:D7 区域，放开鼠标，则其他年度的销售合计在相应单元格自动填充；选中表格中原有任意单元格数据，点击工具栏格式刷按钮“ ”，拖动鼠标覆盖 B7:D7 区域，则合计行数据与原有数据同格式。

● 点击“文件”下拉菜单，选择“保存”命令。

操作结果如下：

	A	B	C	D
1	公司销售额			
2	名称	2008	2009	2010
3	一公司	3,200,000	3,300,000	3,500,000
4	二公司	350,000	610,000	1,100,000
5	三公司	2,500,000	2,800,000	2,900,000
6	四公司	450,000	740,000	1,010,000
7	合计	6,500,000	7,450,000	8,510,000

第 12 题操作步骤：打开素材文件

- 鼠标点击第一行行号，则选中第一行，单击右键，在弹出的菜单中选择“行高…”命令，在弹出的对话框中输入“30”；点击工具栏中的字号一栏，选择“18”。
- 拖动鼠标选中 A1:E1 区域，点击工具栏合并及居中按钮“ ”。
- 鼠标定位于第二行行号，拖动鼠标至第五行，则选中第二行至第五行，单击鼠标右键，在弹出的菜单中选择“行高…”，在弹出的对话框中输入“24”。
- 拖动鼠标选中 B3:D5 区域，点击工具栏居中对齐按钮“ ”。
- 点击“文件”下拉菜单，选择“保存”命令。

操作结果如下图：

	A	B	C	D	E
1	学校招生人数				
2	分校	10春	10秋	11春	合计
3	一分校	600	780	900	
4	二分校	500	560	640	
5	三分笑	120	300	450	

第 13 题操作步骤：打开素材文件

- 选择 A2:E5 数据区域，点击“插入”→“图表”，在打开的对话框的“标准类型”选项卡中“图表类型”中选择“XY 散点图”，在“子图表类型”中选择“折线散点图”，按照插入图表向导提示设置，具体如下列图所示：

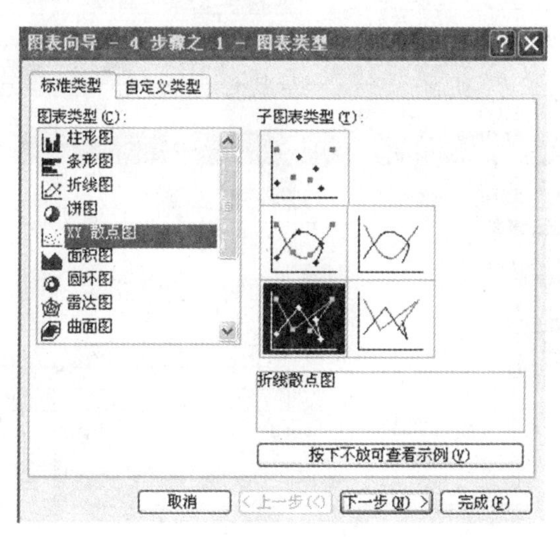

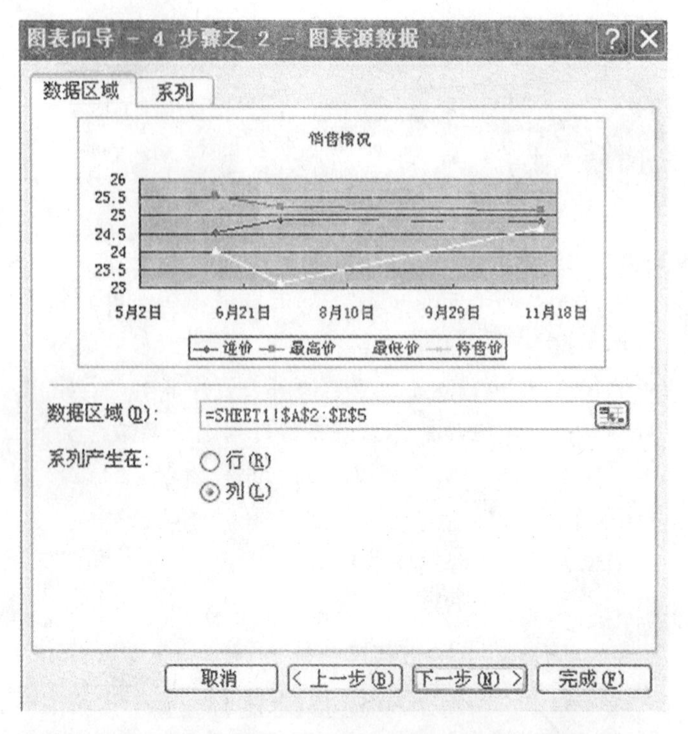
图表向导 - 4 步骤之 2 - 图表源数据
数据区域
系列
销售情况
26
25.5
25
24.5
24
23.5
23
5月2日
6月21日
8月10日
9月29日
11月18日
进价
最高价
最低价
特售价
数据区域(D):
=SHEET1!$A$2:$E$5
系列产生在:
行(R)
列(L)
取消
< 上一步(B)
下一步(N) >
完成(F)

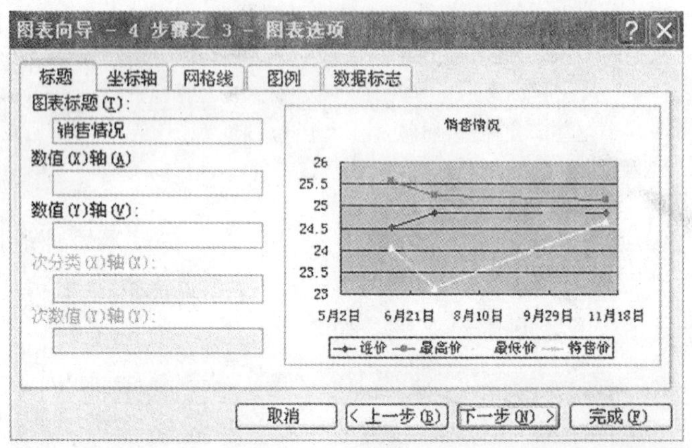
图表向导 - 4 步骤之 3 - 图表选项
标题
坐标轴
网格线
图例
数据标志
图表标题(T):
销售情况
数值(X)轴(A)
数值(Y)轴(V):
次分类(X)轴(X):
次数值(Y)轴(Y):
取消
< 上一步(B)
下一步(N) >
完成(F)

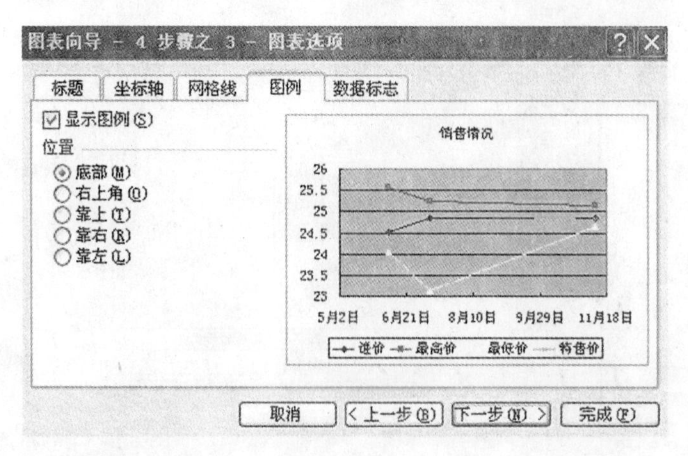
图表向导 - 4 步骤之 3 - 图表选项
标题
坐标轴
网格线
图例
数据标志
显示图例(S)
位置
底部(M)
右上角(O)
靠上(T)
靠右(R)
靠左(L)
取消
< 上一步(B)
下一步(N) >
完成(F)

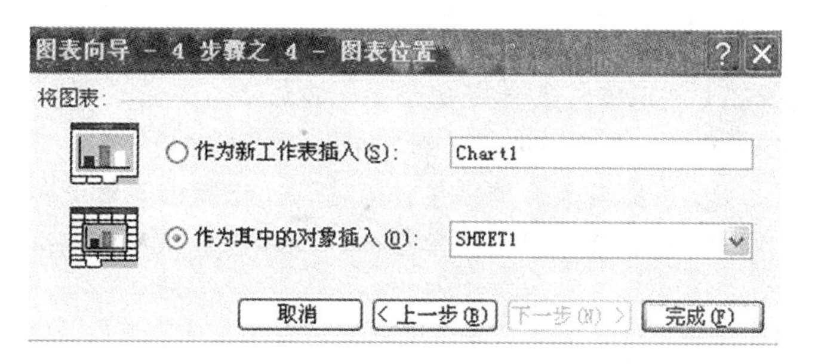

● 点击“文件”下拉菜单，选择“保存”命令。

操作结果如下：

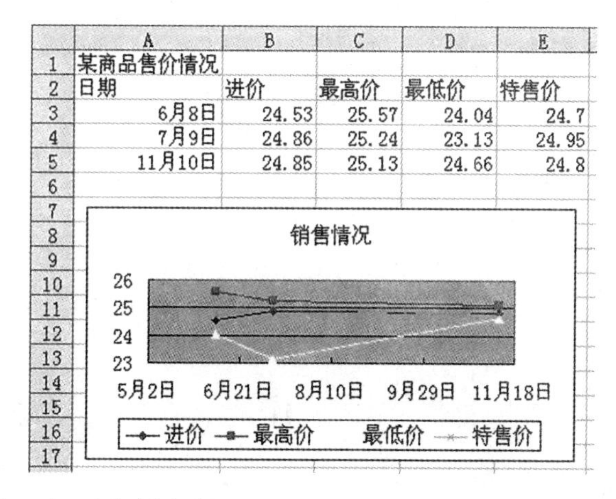

	A	B	C	D	E
1	某商品售价情况				
2	日期	进价	最高价	最低价	特售价
3	6月8日	24.53	25.57	24.04	24.7
4	7月9日	24.86	25.24	23.13	24.95
5	11月10日	24.85	25.13	24.66	24.8

第 14 题操作步骤：打开素材文件

● 光标定位于 H2 单元格，点击工具栏的求和按钮旁边的小三角“Σ”，在弹出的列表中选择“平均值”，则默认对 B2:G2 区域求平均值，显示公式为“=AVERAGE(B2:G2)”，按回车，则在 H2 单元格求出平均售价。

● 选中 A1:G2 数据区域，点击“插入”→“图表”，在打开的对话框的“标准类型”选项卡中“图表类型”中选择“饼图”，在“子图表类型”中选择“饼图”，按照插入图表向导提示，点击“下一步”进行默认设置。

● 点击“文件”下拉菜单，选择“保存”命令。

操作结果如下：

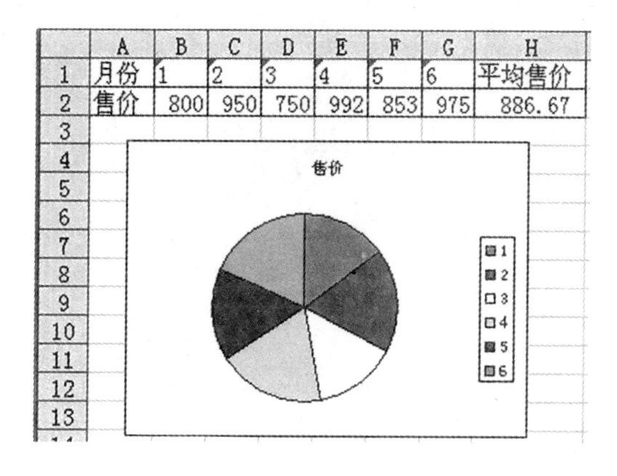

	A	B	C	D	E	F	G	H
1	月份	1	2	3	4	5	6	平均售价
2	售价	800	950	750	992	853	975	886.67

第 15 题操作步骤：打开素材文件

● 鼠标单击选择 A4 单元格，鼠标定位于 A4 单元格右下角填充柄，光标成为实心十字时，拖动鼠标覆盖 A4:A8 单元格区域，则其余月份自动填充。

● 点击“东北”所在 B 列列号，单击鼠标右键，选择弹出菜单中的“剪切”命令，点击 E 列列号，单击鼠标右键，选择弹出菜单中的“插入已剪切的单元格”。

● 点击“文件”下拉菜单，选择“保存”命令。

操作结果如下所示：

	A	B	C	D	E
1	车辆出售情况				
2	时间	华东	西北	东北	华中
3	十一月	7	4	5	1
4	十二月	14	8	11	6
5	一月	6	1	4	14
6	二月	0	10	2	20
7	三月	13	20	18	27
8	四月	22	29	25	30